KB189501

수학 소년,
보물을 찾아라!

글쓴이 김용세
생동감 넘치는 어린이들의 웃음을 볼 때 가장 행복하다는 선생님은 록밴드에서 리드보컬을 할 정도로 음악도 좋아하고 수학에도 깊은 애정을 가진 동화작가이다. 모험심 많고 궁금증과 끈기 있는 어린이들이 많이 생겼으면 하는 바람에 수학동화를 쓰기 시작했다. 대구시교육청 영재교육원에서 학생들을 수년간 지도했고 지금은 대구에 있는 수성초등학교에서 학생들을 가르치고 있다. 그동안 쓴 책으로는 《12개의 황금열쇠》 《교실에서 빛나는 나》 《수학빵》 등이 있다.

그린이 김상인
경희대학교 미술 대학에서 서양화를 공부했다. 주로 어른들이 보는 책에 삽화를 그리다가 지금은 어린이 책의 매력에 빠졌다. 그린 책으로는 《우리나라 별별마을》 《어느 날, 하나님이 내게서 사라졌다》 《KBS 아나운서가 전하는 바른 우리말 사용 설명서》 《수학일기 쓰기》 《제인 구달 이야기》 《관찰왕》 등이 있다.

교과연계	
5-1 수학	7. 평면도형의 넓이
5-2 수학	8. 문제해결 방법 찾기
6-1 수학	7. 비례식
6-2 수학	5. 경우의 수와 확률

수학 소년, 보물을 찾아라!

김용세 글 | 김상인 그림

주니어김영사

작가의 말

여러분에게 가장 소중한 것은 무엇인가요?

선생님이 포털사이트에서 검색해 보니 '사랑, 가족, 건강, 행복, 돈, 명예…….' 등 많은 단어들이 나오더군요. 그러고 나서 생각해 보니 내 대답도 비슷하다는 걸 깨달았어요. 여러분은 아직 어린 학생이라 어떨지는 모르겠지만, 크게 다르지는 않을 것 같아요.

보물섬의 작가 스티븐슨은 코스타리카의 코코스 섬을 배경으로 《보물섬》이라는 소설을 썼어요. 실제로 그 섬에는 스페인이 다른 나라를 침략해서 빼앗은 진귀한 보물들이 숨겨져 있다고 해요. 물론 처음에 그 섬에서 보물을 찾아 간 사람도 있었지만, 아직도 많은 보물들이 묻혀 있어서 여전히 보물섬으로 불린답니다.

스티븐슨의 《보물섬》에 나오는 사람들은 보물을 찾기 위해 시간과 노력을 투자하고 심지어 목숨을 잃기까지 해요. 그들이 이토록 보물을 찾으려는 이유는 무엇일까요? 단지 금이나 다이아몬드 같은 보물을 찾아서 집에 잘 모셔 두려고 그런 위험을 무릅썼을까요? 물론 아니겠지요. 그들은 아마 보물이 가진 가치를 팔아서 자기에게 필요한 것을 얻으려고 했을 거예요.

선생님은 보물섬 이야기를 또 다른 보물로 만들고 싶어서 이 책을 썼어요. 그 보물은 바로 여러분이 수학과 가까워지는 거예요.

실제로 우리 생활에는 다양한 수학적인 상황들이 많이 나온답니다. 이 이야기 속의 등장인물들은 어려운 상황을 여러 번 만나게 되는데, 그때마다 수학으로 어려움을 극복하지요.

이 책을 읽는 여러분들도 삶의 크고 작은 문제들을 수학이라는 좋은 친구로 해결하면 선생님은 더 이상 바랄 것이 없어요.

흥미진진한 보물섬과 수학의 비밀을 만끽하는 멋진 여행이 되기를 바랍니다.

좋은 책이 나올 수 있도록 많은 조언을 준 주니어김영사 편집부와 항상 옆에서 힘이 되어 준 아내와 은율이 그리고 가족들에게 고마움을 전합니다.

항상 좋은 생각을 주시는 하나님께 이 영광을 돌립니다.

김용세

차례

지겨운 수학 시간 9

종모와 친해지다 17

수학 보물섬으로 29

폴의 평형 놀이 37

해적선을 탈출한 짐 44

해적선, 가라앉다 55

새로운 팀이 결성되다 67

흡혈박쥐의 공격 81

1시 12분과 짝인 도형을 찾아라 85

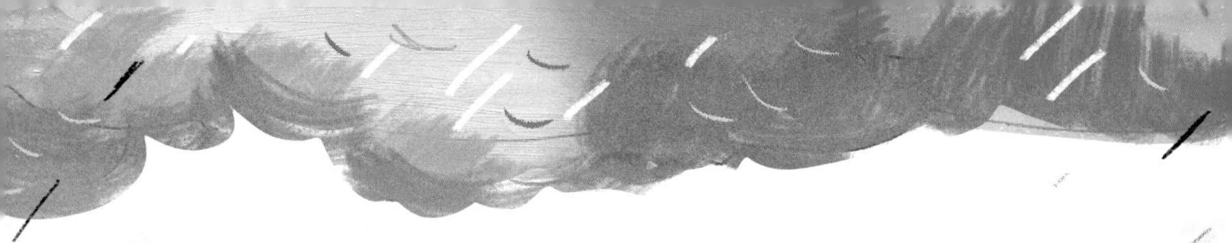

주변을 정찰하다 97

두 번째 지도의 비밀 101

힘을 모아 보물을 찾다 122

같은 높이를 찾아라! 133

굴을 파다 140

큐릭과 플린트 172

현실로 돌아오다 182

신 나는 수학 시간 188

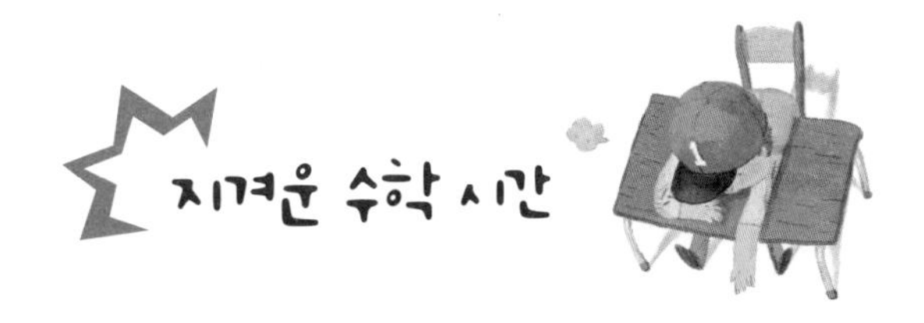

지겨운 수학 시간

“자, 모두 알겠지?”

선생님이 설명을 마치자 아이들은 부리나케 눈금이 없는 자와 디바이더를 집어 들었다. 나는 그런 아이들이 못마땅했다.

‘왜 별것도 아닌 문제에 극성이지?’

“선생님, 눈금 없는 자로 어떻게 정삼각형을 만들어요?”

시록이가 두꺼운 입술을 앞으로 삐죽 내밀며 투덜거렸다.

언젠가 기회가 오면 그 두꺼운 입술 위에 지름이 3센티미터나 되는 나의 보물 2호, 열두 색 볼펜을 올려 봐야겠다.

“모시록, 4학년도 금방 풀 수 있는 쉬운 문제인데 못 풀겠니?”

“아, 제가 그거 배울 때쯤 전학을 왔거든요. 여기서는 벌써 배웠더라고요.”

모시록의 모습이 당당하다 못해 뻔뻔해 보였다.

선생님이 내는 문제의 글자 수는 항상 스무 자이다. 문제 끝에 '20'이라는 숫자는 배점이 아니라 글자 수이다.

선생님은 20을 정말 좋아한다. '그리쇼'보다 '그리시오'의 느낌이 더 좋은데 20 마니아인 선생님은 스무 자를 넘기는 것을 용납하지 않았다. 마흔을 훌쩍 넘긴 나이여서 스무 살 때가 그리운지 이런 생뚱맞은 문제를 내곤 했다. 그리고 이런 문제를 낼 때는 선생님이 수업하기 싫은 날이라는 뜻이기도 했다.

내 예상대로라면 정삼각형 문제를 푸는 순간, 또 다른 문제를 낼 게 분명하다.

"야, 김이랑! 수업 시간에 뭐 하는 거야?"

내가 샤프를 만지작거리자 시록이 녀석이 시비를 건다.

"보면 모르냐? 입술만 두꺼운 줄 알았는데 눈꺼풀도 두껍냐?"

시록이 녀석은 항상 당하면서도 시비를 건다.

"너 말 다했어?"

모시록은 정말 화가 났는지 책상을 치며 벌떡 일어섰다.

"김이랑, 모시록! 둘 다 앞으로 나와."

일진이 사납다. 오늘은 핵폭탄을 피할 수 있을 줄 알았는데 나의 바람은 모시록 때문에 무너졌다.

선생님 주먹은 보통 사람보다 두 배나 크다. 선생님은 항상 "내가 선생님을 하지 않았더라면 격투기 선수가 되었을 거다."라고 말했다.

"정삼각형을 먼저 작도하는 사람은 핵폭탄 면제다.(20)"

어쩌면 그냥 말을 해도 스무 글자일까? 선생님은 정말 연구 대

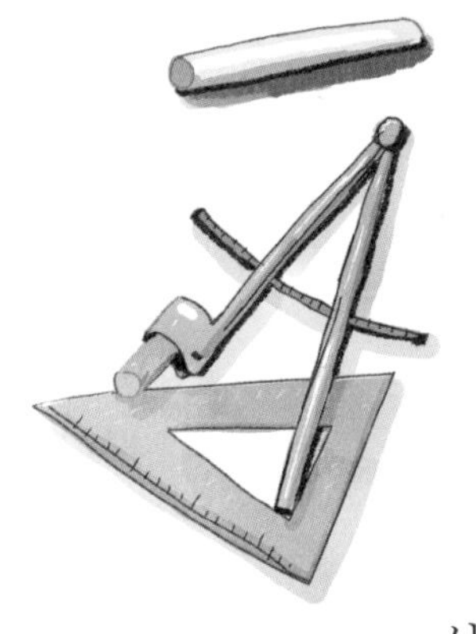

상이다. 마치 글자를 말할 때마다 머릿속에서 자동으로 수를 세는 모양이다.

이런, 내가 잠시 한눈파는 사이에 시록이 녀석이 먼저 분필을 쥐고 정삼각형을 그리기 시작했다. 평소 이런 녀석이 아닌데 웬일이지? 하지만 별로 걱정되지 않았다. 녀석은 아직까지 수학 점수가 두 자릿수인 적이 없었기 때문이다.

나는 천천히 교사용 삼각자로 선분을 긋고 선생님이 개발한 정밀한 교사용 컴퍼스에 분필을 끼웠다. 그러고는 우아하게 같은 길이의 호를 그렸다.

하나, 둘, 됐다!

이제 두 호가 교차하는 곳과 선분의 양끝을 잇기만 하면 핵폭탄을 모시록에게 선사할 수 있다.

"다 그렸다."

헉! 설마…….

"선생님, 정삼각형 다 그렸어요."

모시록이 외쳤다.

나는 모시록이 그린 삼각형을 보았다. 정·삼·각·형이다.

'이, 이럴 수가! 모시록이 정삼각형을 작도하다니!'

꽝!

내 머리에 핵폭탄이 터지는 순간, 나는 머리를 두 손으로 감쌌다. 모시록은 두꺼운 입술을 삐죽거리며 나를 비웃었다.

"그러게 미리 공부를 했어야지."

"너 도대체 무슨 수작을 부린 거야?"

이것은 녀석의 능력으로 풀 수 있는 문제가 아니었다.

"수작은 무슨, 난 그저 선생님이 지우개로 지운 흔적을 예리한 눈으로 찾았을 뿐이야."

"그, 그런 비열한 방법을……."

그제야 모시록 녀석이 잽싸게 칠판으로 달려간 이유를 알았다. 모시록의 비리를 폭로하고 싶은 마음이 굴뚝 같았지만 오히려 화살이 내게 돌아올까 봐 꾹 참았다.

"문제가 굉장히 쉬웠나 보군. 그럼 하나 더 풀어 볼까?"

선생님은 두 문제로 수업을 끝낼 생각이 분명하다. 칠판 지우

개로 '삼' 자의 'ㅁ'을 지우니 '사' 자로 바뀌었다.

아이들이 웅성거리기 시작했다.

웅성거리는 부류는 크게 둘로 나눌 수 있다. 자와 디바이더로 이리저리 선을 그으며 비지땀을 흘리는 부류, 손 안 대고 코 풀려는 듯이 문제만 가만히 보고 있는 부류. 자세히 보면 두 번째 부류는 다시 둘로 나뉜다. 한쪽은 정말 아무 생각 없이 문제만 멀뚱멀뚱 보고 있다가 곁눈질하는 녀석들, 다른 쪽은 기분이 나쁠 정도로 수학을 잘하는 왕재수파 녀석들이다. 특히 왕재수파의 우두머리인 학수 녀석은 눈빛으로 종이를 뚫을 듯한 표정을 짓고 있었다. 녀석은 절대로 수학 문제를 손으로 풀지 않는다. 손은 그저 답을 쓸 때 사용하는 도구일 뿐이라나? 아무튼 녀석의 행동과 말투는 왕재수 국가 대표급이다.

그런데 이번 문제는 만만치 않은가 보다. 복도 쪽에 앉아 있는 녀석의 눈이 점점 발개지는 게 창가에 있는 내 눈에도 또렷이 보일 정도였다. 왕재수파의 다른 세 녀석도 다르지 않았다. 당장이라도 머리에서 김이 나올 것 같았다.

이번에는 나도 왕재수파의 방법을 써 봐야겠다. 그렇다고 왕재수파에 들 생각은 조금도 없다. 물론 녀석들도 날 거부할 거다. 수학 점수가 세 자릿수가 아니면 가입이 안 되기 때문이다. 아니다. 지금부터는 왕재수파의 방법이 아니라 김이랑의 비법으로 이름을 바꿔야겠다.

먼저 문제를 종이에 옮겨 적고 고개를 살짝 기울인 채 종이를 보면 영락없는 왕재수파의 자세가 된다. 그 자세를 유지하면서 가만히 눈을 감으면 김이랑의 비법이다. 코를 고는 치명적인 실수만 하지 않는다면 선생님은 내가 졸고 있는 것을 눈치채지 못할 것이다. 이런 문제는 김이랑의 비법으로 대처하는 게 상책이다. 게다가 어제 엄마 몰래 새벽까지 게임을 해서 무척 피곤했다.

혹시나 선생님한테 걸려도 할 말은 있다. 각도기를 사용하면 금방 사각형을 그릴 텐데 굳이 작도를 하라며 스트레스를 줬기 때문이다. 게다가 눈금자의 눈금을 지워 불량품으로 만들고, 남들이 다 쓰는 편리하고 값싼 컴퍼스 대신 건축가들이나 사용하는 디바이더를 사용하라고 한 것도 잘못이다.

"선생님, 다 그렸는데 한 번 봐 주시겠어요?"

지난주에 전학 온 종모가 말했다. 녀석은 페이퍼모델을 만드는 데 정신이 팔려 있다는 것만 알 뿐 아직 정체를 모른다.

"아직 5분도 채 안 지났는데 벌써 다 그렸다는 거니?"

선생님이 당황했는지 공책을 거꾸로 집어 들었다.

아이들도 모두 종모의 공책을 쳐다보았다. 자존심이 강한 학수도 곁눈질로 흘끗거렸다.

"유종모, 이 문제 전에도 풀어 본 적 있니?"(15)

선생님이 당황한 걸까? 질문이 열다섯 자이다.

"전에 말이다."(+5)

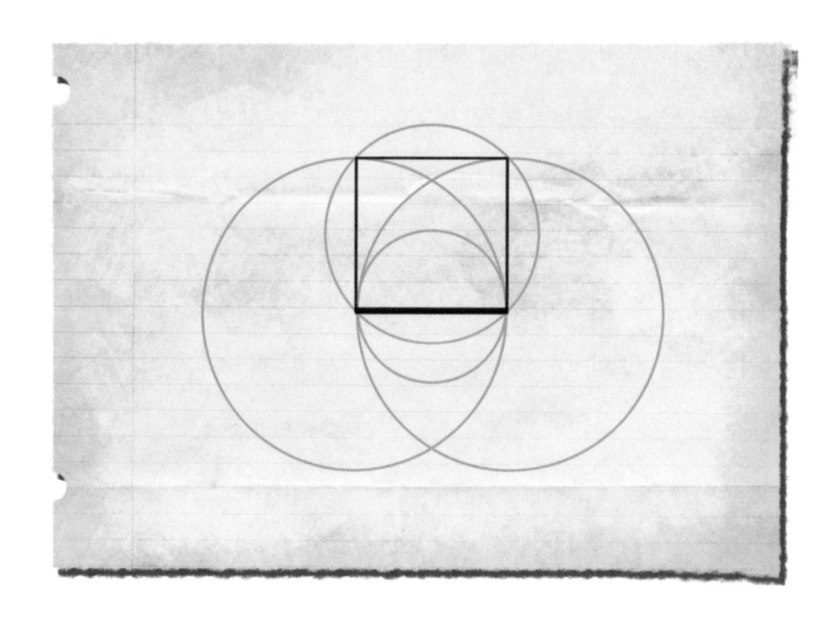

그럼 그렇지. 실수를 곧바로 만회하는 선생님의 순발력!

"아니요, 선생님! 저 문제는 오늘 처음 풀어 본 건데요."

종모는 벌써 선생님의 성격을 파악했는지 스무 자로 대답했다. 선생님은 대답 대신 종모의 머리를 쓰다듬으면서 환하게 웃었다. 시계를 보니 아직 20분이나 남았다. 선생님은 분명히 문제를 하나 더 낼 거고 그러면 잠잘 시간도 없을 것이다.

"아직 종모 빼고 못 풀었으니 얼른 해결해라."

'야호!'

난 속으로 환호성을 질렀다. 다행히 20분 동안 꿀맛 같은 잠을 잘 수 있었다.

종모와 친해지다

"띠리리리 리리 리리리."

휴대 전화 알람 음악으로 설정해 놓은 '엘리제를 위하여'가 단잠을 깨웠다. 아이들은 환호성을 지르며 가방을 챙겼다.

교문을 나서자 종모가 앞서 가고 있었다.

"야, 유종모! 집이 어디냐?"

녀석은 내 목소리를 못 들었는지 뒤를 돌아보지 않았다. 나는 잽싸게 달려가서 종모의 책가방을 붙잡았다.

"어, 이랑이구나?"

종모가 귀에서 무선 이어폰 고리를 빼며 말했다.

"뭐 듣냐?"

"아, 아냐. 아무것도……."

종모는 별로 말하고 싶지 않은 눈치였다.

"집이 자연 베이커리 쪽이야?"

"아니."

"그럼 나나마트 쪽이구나."

종모는 말없이 고개를 끄덕였다.

"같이 가자. 나도 나나마트 갈 일 있는데."

종모는 대답하지 않고 살짝 웃었다.

나는 녀석이 마음에 들었다. 왕재수파에게 망신을 줘서 그런지 볼수록 괜찮았다.

나나마트는 우리 동네에서 가장 큰 마트다. 웬만한 물건은 다 있었다. 종모는 마트에서 커다란 해적선 프라모델을 샀다. 나는 초코바 다섯 개를 사서 하나는 종모를 주고 네 개를 들고 집으로 향했다.

집에 도착한 나는 도어락 커버를 열고 비밀번호를 눌렀다.

987123654

삑.

문을 열고 들어서자 일 학년인 막내동생 우정이가 시험지 한 장을 들고 소파에 앉아 있었다. 자세히 보니 수학 시험지였다. 점수는 90점이었다.

뚜뚜뚜 뚜뚜뚜 뚜뚜뚜.

삑.

엄마다. 엄마는 항상 비밀번호를 세 개씩 나눠서 누른다.

“일찍 왔네.”

“네.”

“우리 우정이, 수학 시험 잘 쳤니?”

우정이에게 말할 때 엄마 목소리는 부드럽고 상냥했다. 나에게도 저랬으면 좋으련만……. 하긴 내가 초등학교 일 학년 때까지는 그랬다.

“응, 엄마. 그런데 한 문제 틀렸어.”

난 얼굴을 살며시 들이밀며 대화에 끼어들 기회를 노렸다.

“어떤 문제가 어려웠니?”

시험지를 보니 3번 문제에 빨간 사선이 그어져 있었다. 생애 첫 수학 시험에서 열 문제 중 아홉 문제를 맞혔으면 잘한 거다. 그런데 틀린 문제를 가만히 보던 엄마의 표정이 어두워졌다.

“우정아, 이게 뭐가 어렵니?”

“문제를 못 본 것 아냐?”

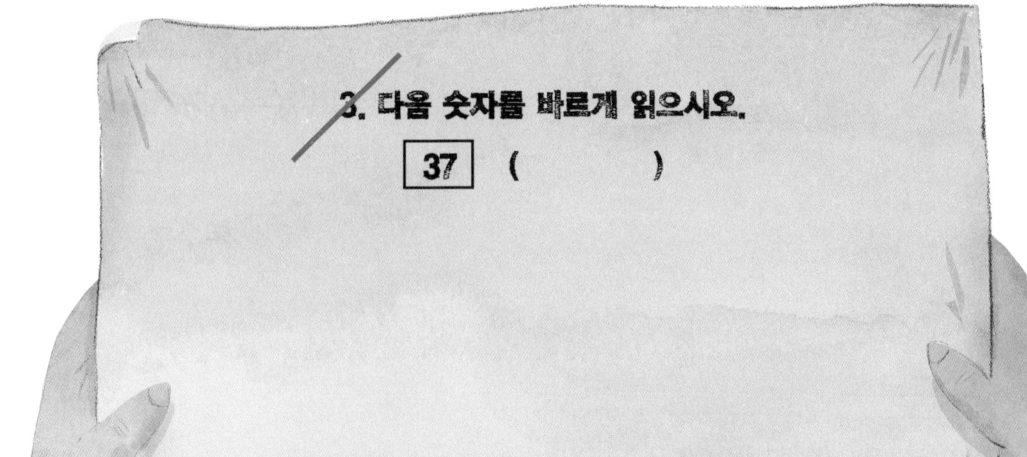

"오빠는 내가 바보인 줄 알아?"

톡 쏘는 우정이 얼굴이 엄마를 닮았다.

"그런데 이걸 왜 못 풀었어?"

"못 풀긴 누가 못 풀어? 풀었어!"

우정이가 소리를 꽥 질렀다.

"그럼 왜 답을 적지 않았니?"

엄마도 이해가 되지 않는지 조금 목청을 돋우었다.

"풀었다니까! 문제를 바르게 읽으라고 하잖아!"

엄마와 난 우정이 말을 선뜻 이해할 수 없었다.

"바르게 읽었는데 선생님이 시험 시간에 소리 내지 말라고 했단 말이야."

띵! 잠시 침묵이 흘렀다.

"안 되겠다. 내일부터 당장 학원에 보내야겠어."

엄마는 전화기를 들고 안방으로 들어갔다.

"여보세요. 천재 학원이죠? 아, 저희 아이가……."

엄마는 학원에 열심히 다니면 나처럼 된다는 것을 잊어버린 듯했다.

며칠 뒤, 종모가 점심시간에 나를 찾아왔다.

"너 오늘 우리 집에 갈래?"

종모가 물었다.

"너희 집에 재미있는 거라도 있냐?"

"후후, 가 보면 알아."

녀석의 아리송한 대답에 호기심이 생겼다.

"좋아."

지루한 수업 시간이 모두 끝난 후, 청소를 마치고 우리는 교문을 나섰다.

"이랑이 너, 좋아하는 책 있어?"

"당연하지."

내 이미지를 위해서 얼굴에 미소를 띠고 말했다.

"뭔데?"

"어, 어…… 《보물섬》."

나는 종모의 뜬금없는 질문에 그저 얼렁뚱땅 대답했다. 솔직히 난 《보물섬》 책 표지만 봤지, 책장을 넘긴 적은 없었다. 그래도 내용은 대충 알고 있었다. 텔레비전에서 만화영화로 몇 번 봤기 때문이다.

"좋아, 그럼 오늘은 《보물섬》이다!"

녀석은 행운권에 뽑힌 것처럼 신 나 보였다.

종모네 집은 나나마트 바로 뒤에 있는 언덕 위에 있었다. 좁은 골목길을 지나 한참을 올라가니 잔디가 넓게 펼쳐진 그림 같은 길이 나왔다. 그리고 길 끝에 궁전 같은 집이 한 채 있었다.

"우아, 저기가 너희 집이야?"

"응. 언덕이라 오르기는 힘들어도 공기는 좋아."

잔디 사이로 난 길을 지나니 커다란 대문이 나왔다. 그런데 이상하게도 도어락이 네 개나 있었다.

"야, 도어락이 네 개면 화장실이 급할 땐……."

뚜뚜뚜뚜뚜뚜뚜뚜뚜뚜뚜뚜뚜뚜뚜뚜뚜뚜뚜뚜.

종모가 빠르게 비밀번호를 눌렀다. 이상하게도 하나의 도어락만 열었는데 문이 모두 열렸다.

"네 개 중에 한 개만 열면 되는 거야?"

"응, 그래도 되고."

'그래도 되고'라는 말은 네 개를 다 열어도 된다는 뜻인데, 아무튼 종모는 평범하지 않아서 마음에 들었다.

"그렇구나. 그런데 비밀번호가 너무 긴 거 아냐?"

"그, 그런가? 하지만 외울 필요는 없어."

"비밀번호를 안 외우고 어떻게 문을 열어?"

"그러니까 비밀번호지."

정말 보면 볼수록 수상한 녀석이다.

대문 안으로 들어서자 동화 《플랜더스의 개》에 나오는 것과 똑같이 생긴 개가 달려왔다. 종모를 보고 좋아서 어쩔 줄 모르는 것을 보니 종모가 맛있는 것을 많이 주나 보다. 녀석은 나에게도 다가와 꼬리를 흔들었다.

정원을 지나 현관에 도착했다. 현관에도 도어락이 네 개 있었다. 이번에도 종모는 비밀번호를 재빨리 눌렀다.

31311233112435122531425

정말 숫자가 길었다. 어떻게 이 숫자를 다 외우는 거지?

우리는 집 안으로 들어갔다. 실내는 밖에서 본 것보다 훨씬 컸다. 천장에는 비행기, 배, 자동차 같은 모형들이 걸려 있었는데, 대충 헤아려도 백 개가 넘는 것 같았다. 모형들은 매우 정교하게 만든 것이었다. 천장과 벽은 풍경 그림들로 채워져 있었다.

"너희 부모님, 그림도 그리시니?"

"아니."

"그럼 이 그림들과 모형들은 다 뭐야?"

녀석은 살짝 미소를 지으며 나를 이 층으로 이끌었다. 이 층에는 작은 방 두 개와 아주 큰 방 하나가 있었다.

종모는 나를 큰 방으로 안내했다.

"여긴 아버지가 나한테 만들어 준 모험의 세계야."

"모험의 세계?"

그 방은 물건들이 많아 복잡하기만 했지 모험을 할 수 있는 곳으로는 보이지 않았다. 왼쪽 벽장에는 책들이 가득 꽂혀 있었고 천장에는 일 층에서 보았던 것과 비슷한 입체 모형들이 달려 있었다.

'이걸 가지고 노는 게 모험은 아니겠지?'

"여기서 무슨 모험을 하나 그 생각 하고 있지?"

종모 녀석, 귀신같이 내 생각을 읽었다.

"이리 와 봐."

종모의 모습은 평소와는 완전히 달랐다. 자신감에 차 있고 밝고 활기찬 표정을 짓고 있었다.

종모가 있는 곳에는 일곱 개의 직사각형 탁자가 원 모양으로 놓여 있었다. 그 가운데에는 사람 한 명이 설 수 있을 정도의 원이 그려져 있었다.

"너 보물섬 좋아한다고 했지?"

"으, 응. 그런데 왜?"

"너에게 보물섬에 다녀올 기회를 주려고……."

"보물섬에?"

"여긴 가상 현실을 만들어 내는 방이야. 원하는 책을 고르면 그 이야기 속에 들어갈 수 있어."

"그게 정말 가능해?"

"체험해 보면 알 수 있지."

종모는 책장에서 《보물섬》을 꺼내 들고 왔다. 그리고 복잡한 수학 기호가 그려진 책을 한 권 더 가져왔다.

"그래서 좋아하는 책이 뭐냐고 물은 거구나."

"다른 책으로 해도 되니까 바꾸고 싶으면 말해."

"아, 아냐. 이게 제일 좋아."

《보물섬》이 제일 좋은 건 아니었지만 익숙한 책이기는 했다.

"그런데 왼손에 들고 있는 책은 뭐냐?"

"아, 이건 내가 제일 좋아하는 책이야."

"수학에 관한 책 아냐?"

"응. 수학은 거짓말을 하지 않거든."

이해할 수 없는 말이다. 나는 내 수학 점수가 항상 거짓말을 하는 것 같았기 때문이다.

종모는 첫 번째 직사각형 탁자 위에 책을 올려놓았다.

"그냥 오리지널 스토리로 할래? 아니면 다른 걸 섞어서 새로운 보물섬으로 할래?"

"이왕 하는 거 새로운 걸로 하지, 뭐."

괜히 있어 보이려고 무리하는 게 아닐까? 하지만 때는 이미 늦었다. 종모는 'MIX' 버튼을 누르고 몇 글자를 입력했다. 그리고 엔터 키를 눌렀다.

"이건 내가 특별히 주는 선물이야."

종모는 며칠 전에 나나마트에서 산 낡은 반쪽짜리 펜던트가 달린 목걸이를 내밀었다.

"준비됐니?"

"준비할 게 뭐 있어? 그냥 갔다 오면 되지."

종모가 시작 버튼을 누르자 '위이잉' 하는 소리가 났다.

"잘 다녀와."

종모가 큰 소리로 외쳤다.

"알았어."

내가 대답하자마자 화면에 글자가 나왔다.

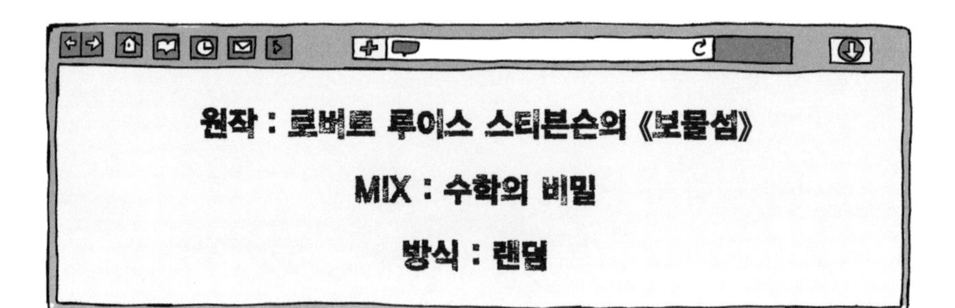

'MIX' 부분을 보다가 나는 놀래서 소리쳤다.

"야, 《수학의 비밀》은 왜 넣었어? 얼른 빼!"

"뭐? 《수학의 비밀》은 내가 보려고 들고 있었는데. 어? 이게 왜 여기에 있지?"

종모의 손에 있는 책은 《허클베리 핀》이었다.

"얼른 바꿔!"

"안 돼, 지금은 바꿀 수가 없어. 미안해. 이번은……."

종모의 마지막 말은 들리지 않았다.

나는 드디어 정신이 들었다. 종모가 준 낡은 목걸이가 목에 걸려 있었다. 주변은 깜깜해서 아무것도 보이지 않았다. 시간이 좀 더 흐르자 주위가 어슴푸레 보이기 시작했다. 가장 먼저 눈에 띈 것은 도끼 모양의 물체였다. 그 옆에는 망치 같은 것도 있었다. 왠지 으스스한 기분이 들었다.

'젠장, 이럴 줄 알았으면 평소에 책 좀 읽어 두는 건데.'

몸을 일으키려고 바닥에 손을 짚는 순간, 무언가가 굴러오는 소리가 들렸다.

쿵!

난 뭔가에 부딪혀 다시 정신을 잃었다. 얼마나 시간이 흘렀을까? 눈을 떠 보니 커다란 배의 갑판 위였다. 내 앞에는 턱수염이

덥수룩한 사람이 도끼를 들고 서 있었다. 한눈에 그가 해적임을 알아보았다. 나는 밧줄에 꽁꽁 묶여 있어서 움직일 수 없었다.

"네놈은 어디서 왔느냐?"

도무지 입이 떨어지지 않았다.

"대답이 없는 걸 보니 저 녀석, 플린트의 하수인이 틀림없어."

뚱뚱하고 키가 작은 해적이 나를 기분 나쁘게 쳐다봤다.

"그럼 더 시간 낭비할 필요가 없겠군. 저 녀석을 사과 통에 넣어서 바다에 던져 버려!"

그러자 옆에 있던 해적 둘이 나를 사과 통에 집어넣더니 뚜껑을 닫았다.

"아야!"

분명히 가상 현실인데 선생님의 핵폭탄 주먹보다 더 아팠다. 그 순간 몸이 붕 떠오르는 느낌이 들었다. 아마 해적들이 바다에 던지려고 사과 통을 든 것 같았다.

"잠깐!"

누군가가 달려오며 소리쳤다.

"실버에게 물어봐야지."

'실버'라는 이름이 들렸다. 보물섬에서 기억나는 인물이 딱 두 사람인데 바로 주인공 짐과 외다리 실버 선장이었다. 정말로 보물섬 이야기 속으로 들어온 모양이다.

밖에서 무슨 이야기가 오고 가더니 곧 사과 통 뚜껑이 열렸다.

"실버가 온다!"

실버의 등장에 다들 긴장하는 눈치였다.

"녀석을 꺼내라!"

낮고 굵은 목소리가 명령하자 부하들이 사과 통을 뒤집었는지 난 거꾸로 바닥에 떨어져 나뒹굴었다.

"아야!"

온몸이 욱신거렸다.

"플린트가 보냈나?"

실버 역시 플린트에 대해 물었다.

"플린트가 누군데요?"

"전설의 해적, 플린트를 몰라?"

"전설의 해적요?"

내가 핑계를 대는 것처럼 보이자 실버의 얼굴이 일그러졌다.

"더 이상 시간 끌 필요가 없겠군. 처리해."

실버의 말 한마디에 내 심장 박동이 빨라졌다.

실버의 부하들이 나를 다시 사과 통에 넣으려고 했다.

쿵, 쿵, 쿵, 쿵.

그때 누군가 갑판을 달려왔다.

"잠깐만요!"

내 또래로 보이는 소년이었다. 혹시 저 애가 보물섬의 주인공인 짐인가?

"왜 그러지?"

실버가 소년에게 물었다.

"잠깐 귀 좀……."

소년이 실버의 귀에 대고 속삭였다.

"음, 좋아. 저 아이를 풀어 줘라!"

지금 무슨 일이 벌어지고 있는 거지? 아무튼 나는 소년 덕분에 죽을 위기에서 벗어났다.

"실버, 이 녀석은 플린트의……."

"시끄러, 폴! 그럼 네가 대신 사과 통에 들어가던가."

실버의 말에 속이 시원했다. 왜냐하면 폴은 바로 나를 바다에 던지자고 했던 뚱뚱한 해적이었기 때문이다. 폴은 실버에게 아무 대꾸도 하지 못하고 애꿎은 사과 통을 발로 툭 차며 배 뒤쪽으로 사라졌다. 다른 해적들은 실버의 뒤를 따라 선실로 들어갔다.

갑판 위에는 나와 소년만 남았다.

"안녕? 난 짐 홉킨스야."

내 예상이 맞았다.

"그, 그래. 안녕? 난 김이랑이야."

우리는 서로 악수를 나누었다.

"너, 실버 선장에게 뭐라고 한 거야?"

"그게…… 플린트의 첩자를 이용하자고 했지."

"뭐라고? 난 정말 플린트를 몰라."

"아무도 네 말을 믿지 않을 거야."

짐은 그렇게 말하더니 내 귀에 대고 "나 빼곤."이라고 속삭였다.

난 짐을 따라 배 뒤쪽에 있는 침대 칸으로 갔다. 침대 칸은 모두 세 개 있었는데 한 칸마다 침대가 두 개씩 나란히 놓여 있었다. 난 짐과 같은 칸을 쓰게 되었다. 바로 옆의 침대 칸은 창고로 사용했고 그 옆의 침대 칸은 폴이 혼자 썼다.

내가 머무를 침대 칸으로 들어가니 대충 자른 나무로 만든 침대만 있었고 그 침대 위에는 얇은 진녹색 매트가 깔려 있었다. 나는 호기심이 생겨 슬쩍 폴의 방을 들여다보았다. 폴의 방 안에는 조그만 정육면체 블록들이 바닥에 흩어져 있었다.

창밖을 보니 해가 지고 있었다. 수평선에 걸린 붉은 태양과 서서히 물들어 가는 하늘을 보고 있으니 감탄이 절로 나왔다.

"이랑, 내일부터 뱃일을 배워야 하니까 든든히 먹어!"

멍하니 바다를 바라보던 내게 짐이 이상한 죽을 건넸다.

"뱃일?"

"여기서 살아남으려면 일을 해야 해."

짐의 말에 정신이 퍼뜩 들었다. 짐이 건넨 죽은 미역과 물고기 그리고 통후추를 섞어서 만든 것 같았다. 보기에는 별로였지만 맛은 제법 괜찮았다.

저녁을 먹고 짐은 나에게 보물섬 이야기를 들려주었다. 만화로 봤던 내용과 비슷할 거라고 생각했는데 짐에게 들은 이야기는 실제로 무시무시하고 섬뜩했다.

플린트는 세상에서 가장 사악한 해적이고, 그가 사바나에서 럼주 때문에 죽었

다는 소문은 사실이 아니라고 했다. 해적 사냥에 나선 해군의 추적을 따돌리기 위해 퍼트린 헛소문이라는 것이다. 기억력이 나쁜 플린트는 자기가 숨긴 보물을 찾으러 갈 때 보려고 보물 지도를 만들었는데 그것을 부하 빌리가 훔쳐서 달아났다고 했다.

빌리는 짐의 부모님이 운영하는 '벤보 제독' 여인숙에 숨어들었다가 검둥개에게 물려 목숨을 잃었고 죽기 전에 보물 지도를 짐에게 넘겨주었다고 했다. 의사인 리브시 선생과 지주 트렐로니 씨는 보물 지도가 진짜라고 믿고 함께 보물섬을 찾아 나섰는데, 함께 온 해적 실버가 반란을 일으켜 배를 장악했다는 것이다. 짐은 실버의 편인 척하면서 탈출 기회를 노리고 있으며, 영국 군함이 지나갈 때 작은 배를 타고 탈출할 계획이라고 말했다.

짐은 긴 이야기를 마치고 침대에 누워 잠을 청했다. 나도 눕자마자 잠이 들었다. 그러다 한밤중에 부시럭거리는 소리에 잠을 깨서 보니 짐이 무언가를 열심히 그리고 있었다.

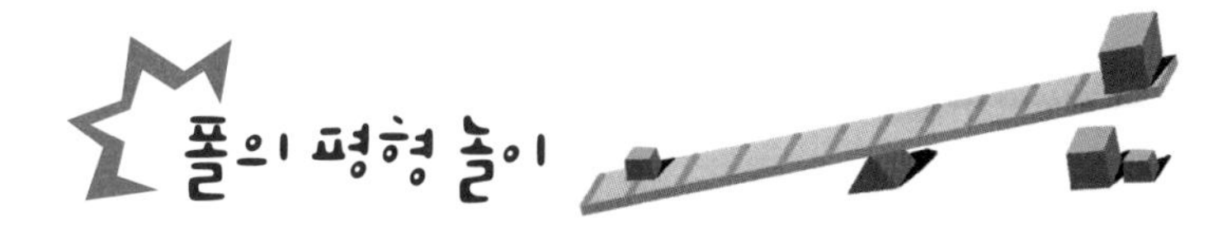

"야, 애송이, 얼른 일어나!"

폴이었다. 한마디 쏘아붙이고 싶었지만 꾹 참았다. 폴은 못마땅한 표정을 지어 보이고는 이내 사라졌고, 주위를 둘러보니 짐은 보이지 않았다. 혹시 간밤에…….

"이랑, 잘 잤니?"

짐의 목소리다. 후유, 다행이었다.

"아침 먹기 전에 갑판 청소부터 해야 해. 이거 받아."

짐이 밀대를 건넸다. 밀대는 바싹 말라서 뻣뻣한 게 밟으면 부러질 것 같았다. 나는 밀대를 들고 짐을 따라 갑판으로 향했다. 가는 길에 폴의 방을 잠깐 들여다보니 어제 본 정육면체 블록들이 양쪽으로 나뉘어 있었다.

짐과 나는 밀대를 물에 적셔 지저분한 갑판을 깨끗이 닦았다. 밀대가 지나간 자리는 아침 햇살을 받아 반짝거렸다. 몇몇 선원들은 돛대를 타고 올라가 점검했고, 실버와 콜리는 하늘을 보며 이야기를 나누고 있었다. 콜리는 실버의 오랜 친구이자 요리사였다. 짐은 콜리에게 바다의 뜻을 읽는 신비한 능력이 있다고 했다. 이 주 전에도 콜리 덕분에 미리 돛을 내려 큰 바람에도 무사할 수 있었다는 것이다.

나는 두 사람의 대화가 궁금해, 밀대를 밀면서 눈치채지 못하게 실버와 콜리가 있는 곳으로 다가갔다.

"콜리, 오늘 저녁에는 내가 요리를 하지."

"아니야, 실버. 자넨 오늘 푹 쉬게. 내일은 자네가 직접 키를 잡아야 할 테니까."

나 때문에 일부러 대화 주제를 바꾼 것 같았지만 내일 무슨 일이 있을 거라는 걸 짐작할 수 있었다. 실버는 망원경으로 배가 가는 방향을 점검했고 콜리는 주방으로 들어가 점심식사를 준비했다.

아침 청소가 끝나자 모두 휴식을 즐겼다. 태어나서 이렇게 청소를 열심히 하기는 처음이었다. 학교에서 벌로 청소를 한 적은 여러 번 있었지만 그냥 대충하고 말았는데 이곳에서는 '대충'이라는 말이 통하지 않았다.

청소를 마친 후 짐은 방으로 가고 나는 목이 말라서 식당으로 가서 물을 마셨다. 식당에는 폴이 있었다. 폴도 청소를 마치고 목이 말랐는지 물컵을 들고 있었다. 그런데 가만히 보니 폴의 방에서 보았던 정육면체 블록들이 식탁 위에 놓여 있었다.

물을 한 모금 들이킨 폴은 널뛰기 판처럼 생긴 긴 판의 왼쪽 끝에 블록 두 개를 올려놓았다. 그리고 오른쪽 끝에 한 개를 놓고, 조금 떨어진 앞쪽에 블록 두 개를 올려놓고는 손을 뗐다. 양쪽 끝에 각각 블록을 두 개씩 놓으면 균형을 이룰 텐데 폴은 머리가 나쁜 게 분명했다.

그런데 신기한 일이 벌어졌다. 폴이 손을 떼자 양쪽이 평형이 되었다.

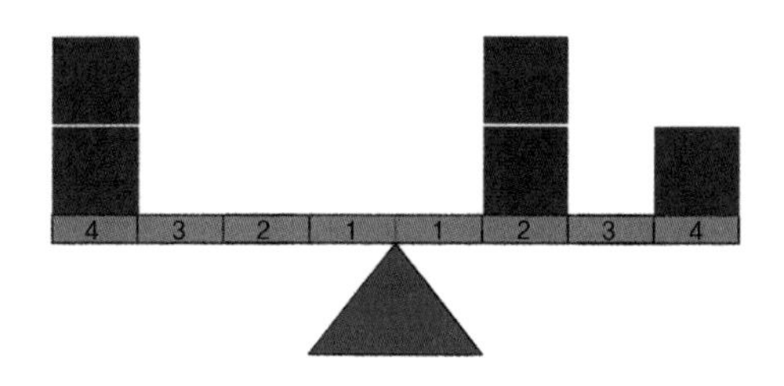

서로 다른 위치에 블록을 놓았는데 어떻게 평형이 된 걸까?

폴은 블록 하나를 더 집어서 왼쪽 블록 위에 올려놓았다. 이제 오른쪽 끝 블록 위에도 블록을 하나 올려놓겠지? 하지만 내 예상은 빗나갔다. 폴은 오른쪽 끝이 아닌 그 앞에 블록 두 개를 더 쌓은 것이다. 그런데 이번에도 양쪽이 평형을 이루었다.

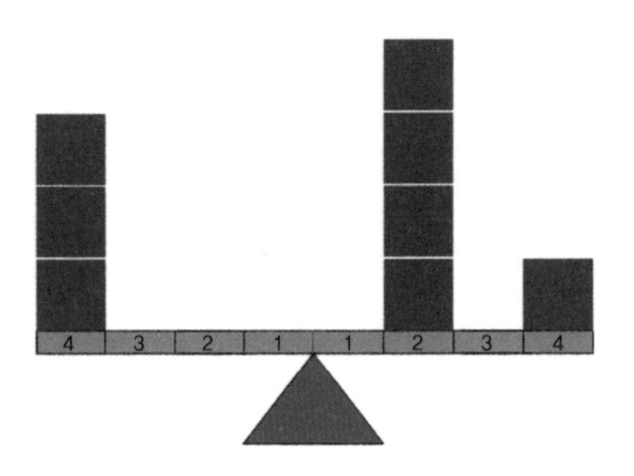

머릿속이 복잡해졌다. 폴이 알고 있는 것을 내가 모른다고 생각하니 은근히 자존심이 상했다. 폴이 꼭 얄미운 모시록처럼 느껴졌다.

폴은 긴 판의 양 옆을 잡아당겼다. 그러자 기준점을 중심으로 각각 일곱 칸으로 바뀌었다. 폴은 블록을 왼쪽 7번 칸에 두 개, 오른쪽 2번과 3번 칸에 각각 두 개씩 올려놓았다. 그리고 오른손에 블록 한 개를 들고 있었다. 저 하나를 어딘가에 올려놓아서 균형을 맞추려는 것 같았다.

"폴, 얼른 나와서 돛 좀 점검해 봐."

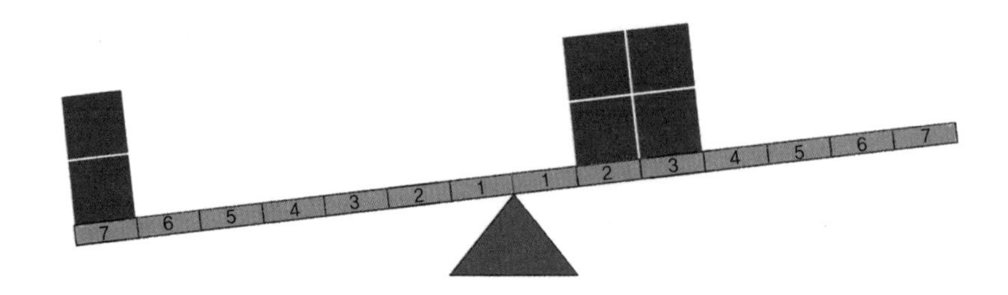

밖에서 콜리의 목소리가 들렸다. 폴은 아쉬워하며 식당 밖으로 나갔다. 나는 호기심에 폴의 자리로 가 보았다. 블록은 한 손에 두 개 정도 쥘 수 있는 크기였고 무게도 모두 똑같았다.

'이 블록을 어디에 놓아야 평형을 만들 수 있을까?'

난 원리를 찾기 위해 블록들을 모두 판에서 내려놓았다. 그리고 양쪽의 5번 칸 위에 블록을 각각 하나씩 올렸다. 당연히 평형을 이루었다. 이번에는 오른쪽 5번 칸 위에 있던 블록을 6번 칸으로 옮겼다. 그러자 균형이 깨지면서 판이 오른쪽으로 기울었다. 중심에서 멀어질수록 더 큰 힘이 생기는 것이다. 이 상태에서 왼쪽에 블록을 하나 더 올려 평형을 만들 수 있지 않을까?

'왼쪽 1번 칸부터 차례대로 블록을 올리면 평형이 되는 칸을 찾을 수 있겠지.'

난 조심스레 왼쪽 1번 칸에 블록을 올리고 판을 잡고 있던 손을 놓았다.

평형이다!

나는 왼쪽 1번 칸에 있던 블록을 2번 칸으로 옮겼다. 그러자 판

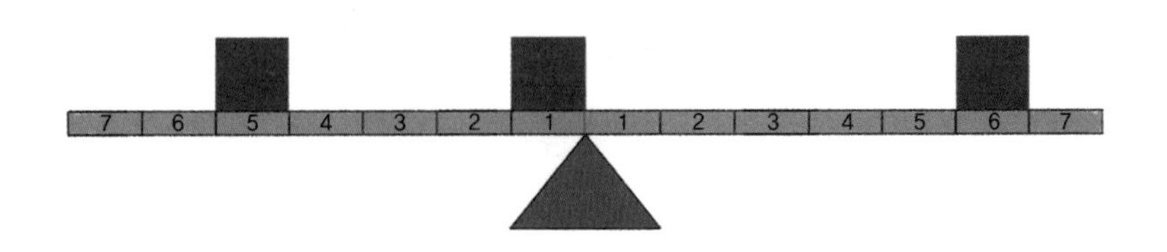

이 왼쪽으로 기울었다. 역시 예상대로다. 이번에는 오른쪽 1번 칸에 블록을 하나 올리자…….

역시 평형이다!

원리는 간단했다. 블록을 올린 위치의 거리, 즉 각 칸의 숫자를 위에 올린 블록의 개수와 곱한 합이 같으면 평형을 이루었다.

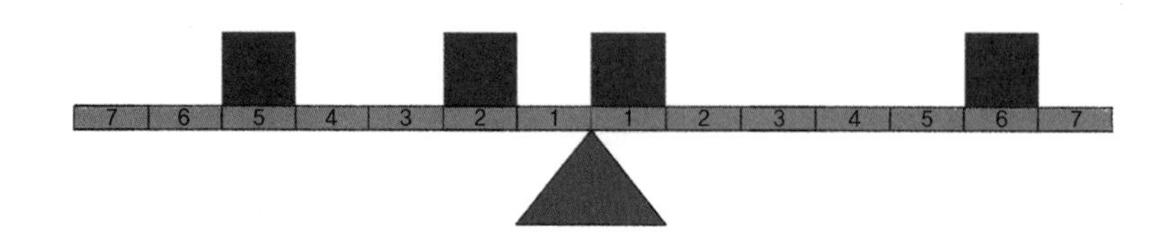

$5\times1 + 2\times1=1\times1 + 6\times1$

$5+2=1+6$

$7=7$

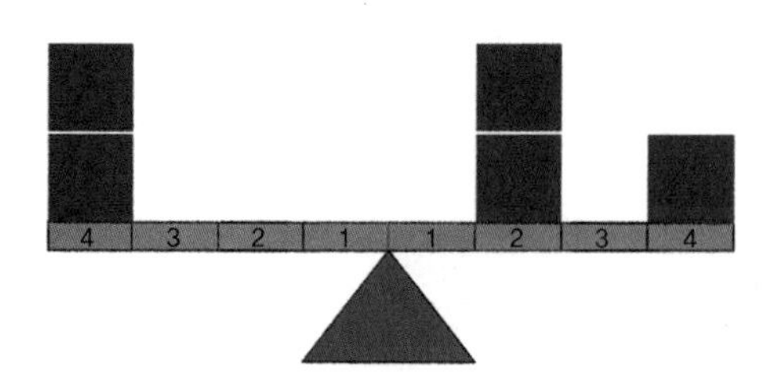

폴이 만든 평형도 이 원리를 적용할 수 있다.

$4\times2=2\times2+4\times1$

$8=4+4$

$8=8$

난 폴이 눈치채지 못하도록 블록을 원래 있던 자리에 올려놓고 밖으로 나왔다.

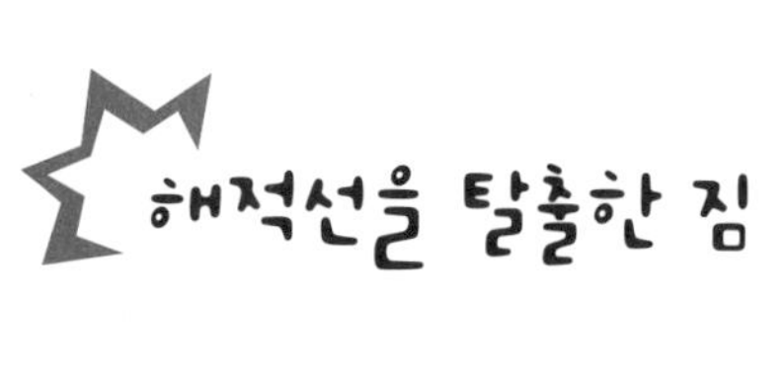

해적선을 탈출한 짐

콰콰쾅, 콰쾅.

갑자기 밖에서 천둥소리가 났다. 난 황급히 갑판으로 올라갔다. 배 앞에 먹구름이 짙게 깔려 있었다. 하지만 실버는 뱃머리를 돌리지 않았다. 아마 이 길이 보물섬으로 가는 지름길인 것 같았다. 먹구름은 더욱 새까매져서 배를 집어삼킬 것 같았고 천둥소리는 더욱 커졌다. 무시무시한 일이 벌어질 것 같은 분위기였다.

난 짐을 찾으러 침대 칸으로 달려갔다. 하지만 짐의 모습은 보이지 않았다. 갑판 위와 선실, 창고를 둘러보았지만 어디에도 없었다.

"놈들이 사라졌다!"

한 선원이 달려오며 소리쳤다. 콜리도 놀라서 주방에서 뛰쳐나왔다.

“의사와 지주가 없어졌다고?”

폴이 외쳤다.

“짐도 보이지 않아!”

“배 안을 샅샅이 뒤져라!”

실버의 명령이 떨어지자 부하들은 개미 한 마리도 놓치지 않겠다는 듯이 여기저기 뒤지기 시작했다. 하지만 어디에서도 짐 일행을 찾을 수 없었다.

해적들이 웅성대면서 다시 갑판 위로 모여들었다.

“낮에 도망칠 생각을 하다니! 놈들이 먹구름이 올 것을 미리 안 건가?”

실버는 조금 당황한 기색이었다.

“실버, 너무 걱정할 필요 없네. 그들에겐 보물 지도가 없어.”

콜리가 실버를 안심시켰다.

“아니, 짐이라면 어쩌면 머릿속으로 지도를 모두 기억하고 있을지도 몰라.”

실버가 걱정스러운 목소리로 말했다.

그 말을 듣는 순간, 내 머릿속에 잠결에 무언가를 그리던 짐의 모습이 번뜩 떠올랐다. 그게 꿈이 아니라 실제였다면, 짐은 그때 지도를 똑같이 그리고 있었던 거다!

먹구름이 빗방울을 떨어뜨리기 시작했다. 빗줄기는 금세 굵어져 폭포에서 물이 쏟아지는 것처럼 세게 떨어졌다.

"소나기다. 잠시 후면 그칠 테니 일단 선실로 들어가라!"

실버와 선원들이 모두 흩어졌다. 나는 식당으로 가서 폴이 고민하던 문제를 마저 풀고 싶었다. 식당 문을 열고 들어서니 폴이 블록 하나를 들고 서 있었다.

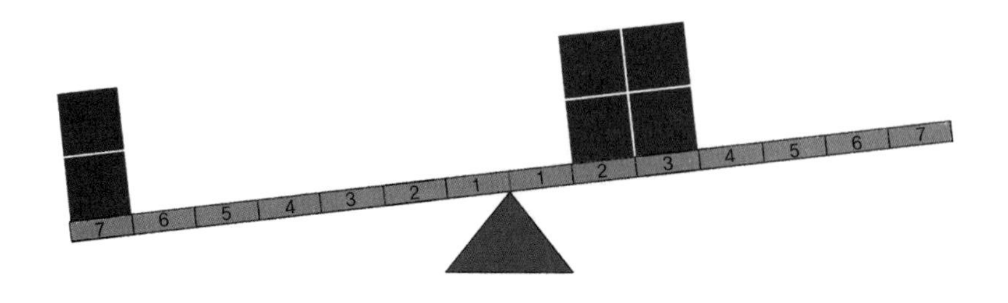

난 폴이 든 블록을 X라고 하고 머릿속으로 계산을 했다.

$7\times2=2\times2 + 3\times2 + 1\times X$

$14=4+6+X$

$14=10+X$

$14-10=X$

X는 4다!

"오른쪽 4번 칸에 올리면 되겠네요."

나도 모르게 불쑥 말이 나왔다.

"네까짓 녀석이 참견할 일이 아니야. 나도 알고 있다고!"

폴은 퉁명스럽게 말하고는 마치 자기가 문제를 푼 것처럼 들고 있던 블록을 오른쪽 4번 칸에 올렸다. 예상대로 양쪽은 평형을 이루었다.

"비가 그쳤다!"

콜리의 목소리가 들리자 모두 갑판 위로 나왔다. 하늘은 언제 그랬냐는 듯이 구름이 싹 걷히고 태양이 빛나고 있었다.

"우리가 짐 일행보다 먼저 보물섬에 도착해야 한다. 모두 아래층으로 가서 노를 잡아라."

실버의 명령이 떨어지자 다들 빠르게 움직였다.

해적들은 갑판 아래로 내려가서 배 양 옆에 있는 노를 힘껏 저었다. 덕분에 배는 훨씬 빠른 속도로 나아갔다. 뱃머리에서 파도가 부서지고 하얀 수염을 그리며 갈렸다. 배 뒤로 가 보니 하얀 물결이 배를 따르고 있었다. 그런데 하얀 물결 사이로 밧줄이 조금 삐져나와 있었다. 누가 묶은 것인지는 알 수 없지만 분명히 밧줄이었다. 혹시 저 밧줄 아래에 짐이? 그건 아닐 거다. 사람이 물속에서 그렇게 오랫동안 있을 수는 없다.

"야, 이랑인지 고랑인지 너도 얼른 내려와!"

폴의 목소리가 가시처럼 귀에 쏙 박혔다. 유치하게 이름을 가지고 장난을 치다니! 내 주특기인 한 팔 업어치기로 폴을 던져 버리고 싶었지만 그랬다가는 다시 사과 통에 들어가게 될지도 모를 일이다.

아래에 내려가니 비어 있는 노가 하나 있었다. 노의 손잡이에는 헝겊이 감겨 있었다. 나는 노를 잡고 당겨 보았다. 그런데 노는 쉽게 당겨지지 않았고 온몸은 땀으로 범벅이 되었다.

"꼬마야, 노를 팔로만 당기면 힘만 들어. 물결을 타면서 어깨와 허리를 이용해 리듬을 타듯이 당겨 봐."

거인처럼 덩치가 큰 선원이 말했다.

"네. 그렇게 해 볼게요."

"참, 네 이름이 뭐니?"

이곳에서 내 이름을 물은 두 번째 사람이다.

"이랑요, 김이랑."

"내 이름은 피터 존슨이야. 존슨이라고도 하고 피터라고도 하지."

나는 존슨보다 피터라는 이름이 더 마음에 들었다.

피터의 말대로 노를 저으니까 신기하게도 별로 힘이 들지 않았다. 노가 물살을 가르는 것도 느낄 수 있었다.

점심을 먹고 나자 해적들은 대부분 노를 저으러 아래로 내려갔다. 하지만 실버와 콜리는 배 위에 남아서 각자 방향키를 잡고 앞을 살폈다. 또다시 심상치 않은 바람이 불어왔다. 파도의 높이가 더욱 높아졌고 안개도 더 짙어졌다. 이대로 가다가는 암초를 피하지 못하고 부딪힐 수도 있었다.

한참 노를 젓다 보니 손이 기계처럼 자동으로 움직였다. 나는 노를 저으면서 짐을 떠올렸다. 도대체 어디로 사라진 걸까? 하늘로 날아간 것도 아니고 바닷속에 빠진 것도 아닐 텐데 도무지 알 수가 없었다.

저녁식사 시간이 되자 모두 식당으로 향했다. 난 갑판에 올라가서 맑은 공기를 쐬고 나중에 밥을 먹을 생각이었다. 혹시나 하는 마음에 2인용 보트가 있는 쪽을 자세히 살펴보았다. 보트는 처음 봤을 때와 똑같은 자리에 있었다.

하늘은 또 금방이라도 비가 쏟을 것 같은 분위기였다. 갑자기 배가 크게 휘청거렸다. 넋을 놓고 있다가 바다에 빠질 뻔했다. 망대에서는 콜리가 먹구름을 쳐다보고 있었다. 이번 비바람이 심상치 않다는 것을 표정으로 짐작할 수 있었다.

"이랑, 어서 가서 저녁 먹어라. 밤늦게까지 노를 저어야 할지도 몰라."

피터가 어느새 내 옆에 다가와 있었다.

"네, 피터."

짐의 자리를 피터가 대신 채워 주는 것 같았다. 하지만 피터도 해적이니까 항상 조심해야 한다. 어쩌면 나를 플린트의 스파이라고 생각하고 일부러 접근하는 것일지도 모른다.

막 식당으로 가려는데 2인용 보트가 보이지 않았다. 안개 때문에 안 보이나 싶어 보트가 있는 곳으로 달려갔지만, 없었다. 정말 이상한 일이었다. 그사이 밧줄이 바람에 끊어져서 떠내려간 걸까?

배의 가장자리를 따라 돌며 보트를 찾아보았지만 보트는 이미 사라지고 없었다.

꼬르륵.

이런 상황에서도 배가 고프다니! 일단 밥부터 먹으려고 갑판 밑으로 내려가려는 찰나, 해적들이 소란스럽게 떠들기 시작했다.

"보트가 없어졌다!"

"이봐, 실버! 보트가 감쪽같이 사라졌어."

보트가 사라진 것을 제일 먼저 알아챈 해적은 가장 나이가 많은 후터였다.

"누구 짓이야?"

"아마도 짐 일행의 소행인 것 같군."

"어떻게 짧은 시간에 보트를 타고 흔적도 없이 사라질 수 있는 거죠?"

폴이 실버와 후터의 대화에 끼어들었다.

"그건 나이 많은 해적들만 아는 방법인데……."

후터는 마치 큰 비밀을 말하듯이 뜸을 들였다.

"해적들의 방법이라고요?"

폴이 후터에게 바싹 얼굴을 들이밀며 물었다.

"지금 그들은 배를 타고 가고 있을 거야."

"짐 일행이 투명인간이라도 된다는 말인가요?"

폴은 이해할 수 없다는 표정을 지었다.

"흠, 바로 그거였군. 젊은 시절, 플린트가 도망칠 때 사용했던 바로 그 방법을 썼군!"

실버는 답을 알았다는 듯이 무릎을 탁 쳤다.

"맞아. 자네도 알고 있군. 이런 날이 아니면 쓸 수 없는 방법이야. 짐이 꽤 치밀하게 준비했군. 의사와 지주는 갇혀 있어서 전혀 도움이 되지 않았을 텐데……."

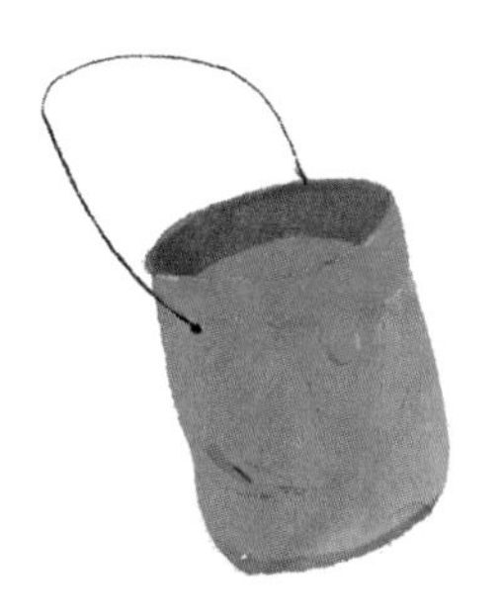

폴은 궁금해서 안달이 났다.

"폴, 제 2창고에 가서 파란색 페인트 통

을 가져와."

폴은 투덜거리면서 창고에 가서 파란색 페인트 통을 들고 돌아왔다.

"열어 봐!"

실버의 말에 폴은 페인트 통의 뚜껑을 열었다.

"엥? 이게 뭐야?"

페인트 통 안에는 페인트 대신 바닷물이 들어 있었다.

실버는 의사와 지주가 짐에게 보트의 바닥을 파란색으로 칠하도록 시키고, 파란색 모자 세 개를 만들게 했을 거라고 했다. 그리고 긴 대롱을 준비해서 낮 동안 배 밑과 옆을 오가며 숨어 있다가 어둠이 깔리는 시간에 보트를 뒤집어쓰고 안개 속으로 사라졌을 거라고 추측했다. 그들이 굳이 오후에 탈출을 시도한 것은 밤에는 경계를 엄하게 하기 때문이라는 것이다. 어쨌든 짐이 탈출했으니 나에게도 조금 희망이 보이는 것 같았다. 당장은 아무런 대책도 없지만 말이다.

조금 전까지 주위를 뿌옇게 만들던 안개는 온데간데없이 사라지고 또다시 먹구름이 몰려왔다.

"남동쪽에 비다!"

망대에 올라가 있던 콜리가 소리쳤다. 배가 향하고 있는 앞쪽에서 어마어마한 비가 쏟아지고 있었다. 해적선에서 불과 몇 킬로

미터 떨어진 곳에 돌섬이 있었는데, 그곳은 마치 다른 세상인 것 같았다. 하지만 곧 해적선 위에 있는 먹구름도 비를 쏟을 기세였다. 안개 때문에 미처 보지 못했던 암초들이 하나둘 모습을 드러냈다.

"돛을 내리고 얼른 아래로 가서 노를 저어라!"

실버의 말에 모두 신속하게 움직였다. 실버는 선두로 나가서 방향키를 잡았다. 부하들이 노를 저으면 그 힘을 이용해서 암초 숲을 헤쳐 나가려는 계획이었다. 나도 재빨리 아래로 내려갔지만 내가 잡을 노는 없었다.

'실버는 이 상황을 어떻게 이겨 낼까?'

나는 선실로 들어갔다. 물개 기름으로 피운 등불 덕분에 실버의 모습이 선명하게 보였다. 주위는 쏟아지는 폭우 때문에 하늘과 바다가 구분되지 않았다.

점점 배에 속도가 붙었다. 실버는 한쪽 다리로 서서 방향키를 능숙하게 다루었다. 때때로 갑판 위로 파도가 들이쳤지만 실버는 꼼짝도 하지 않았다. 자세히 보니 허리를 방향키 아래 기둥에 단단히 묶어 두었다. 몇 차례 큰 파도가 지나고 해적선보다 더 큰 돌섬 두 개를 지나자 바람도 잔잔해졌다. 뒤를 돌아보니 암초와 돌섬이 있는 곳은 여전히 파도가 치고 바람이 세차게 불고 있었다. 부서지는 파도는 희미한 달빛을 받아 보석처럼 빛났다.

먹구름이 물러간 하늘은 수많은 별들로 가득 차 있었다. 암초를 뚫고 나오느라 기진맥진한 해적들은 갑판과 선실에서 숨을 돌렸다.

고단했던 하루가 끝나 가고 있었다. 나는 비어 있는 짐의 침대를 잠시 쳐다보고는 곧 잠을 청했다.

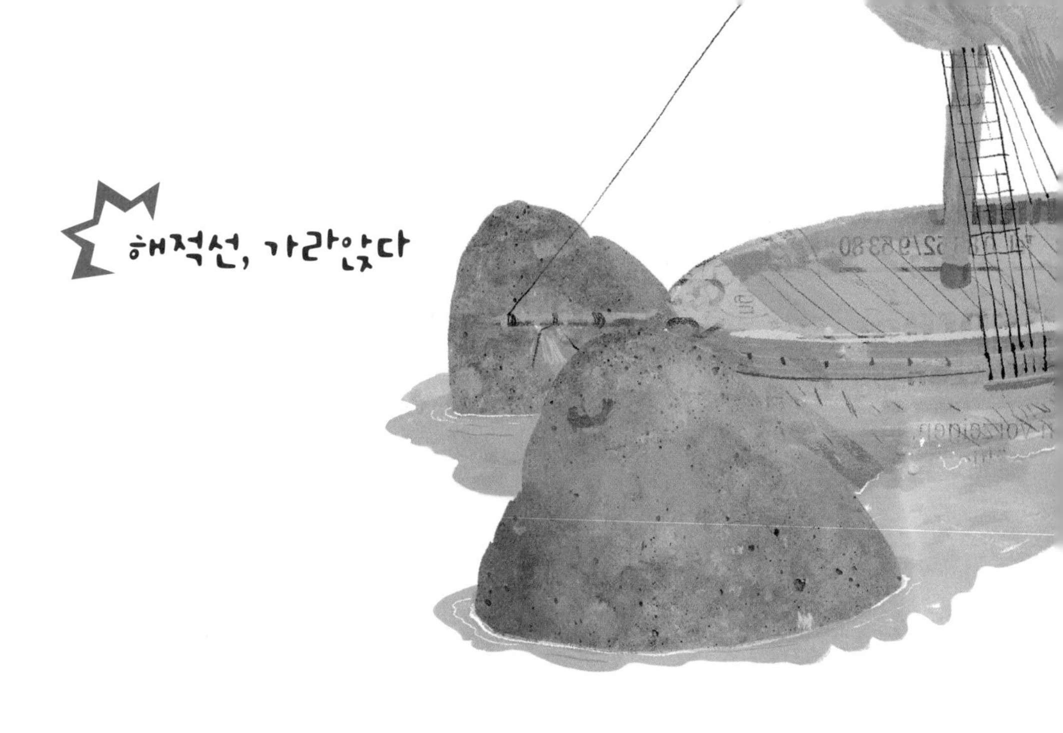

해적선, 가라앉다

쿵!

나는 무언가에 크게 부딪히는 소리에 잠에서 깼다.

"실버, 배가 돌섬 사이에 완전히 끼어 버렸어."

피터의 목소리가 들렸다. 다들 놀라서 뱃머리 쪽으로 달려갔다. 해적선은 돌섬 사이에 끼어 꼼짝도 하지 않았다.

"모두 내려서 배를 밀어라."

실버의 말에 해적들은 뱃머리와 붙어 있는 돌섬으로 뛰어내려 가 힘껏 배를 밀었다. 실버가 큰 소리로 구령을 외쳤지만 배는 전혀 움직일 생각을 하지 않았다.

"이거 큰일이군. 보물은 고사하고 살아 돌아가기도 힘들겠어."

폴이 투덜거렸다.

아무리 힘을 써도 배가 움직이지 않자 모두 기운이 빠졌다. 그때 후터가 긴 턱수염을 만지면서 뱃머리를 살폈다.

"실버, 배의 일부를 포기하는 게 어떤가?"

후터는 꽉 끼인 부분의 철판과 나무를 떼어내 돌섬을 벗어나자고 했다.

실버는 깊은 고민에 빠졌다. 이대로 시간을 보내다가는 결국 바닷새나 물고기 밥이 될 게 뻔했다. 한참을 고민하던 실버가 입을 열었다.

"창고에 가서 연장을 가져와."

후터와 해적 몇 명이 망치, 톱, 장도리, 도끼 등 다양한 연장을 가지고 왔다. 실버는 왼손에 큰 장도리를 들고 있었다.

나는 후터에게 다가갔다.

"후터, 제게 좋은 생각이 있어요."

"뭔데?"

"지렛대의 원리를 이용하면 배가 빠져나올 수 있을 거예요. 대신 모두 힘을 모아야 해요."

"어떻게 하려는 거냐?"

해적들은 내 주위로 모여 들었다.

"후터, 이걸 발로 꽉 밟으세요. 절대로 무릎을 펴면 안 돼요."

난 피터에게 큰 장도리를 밟고 있으라고 했다.

"제가 아저씨를 들어 올려 볼게요."

"뭐라고, 네가 나를 들어 올린다고? 내 몸무게는 백 킬로그램도 넘어."

다른 해적들도 내 말을 믿지 않는 눈치였다.

"자, 들어 올립니다. 하나, 둘, 셋!"

나는 장도리 밑에 작은 나무토막을 괴고 힘껏 눌렀다.

"어, 어, 어!"

후터가 앞으로 고꾸라졌다.

"와! 후터를 들어 올렸다!"

다들 놀라서 박수를 쳤다.

"저 꼬마 녀석이 거인을 들 수 있다면 암초에서 배를 뺄 수도 있겠어."

"그래, 얼른 해 보자."

해적들은 큰 장도리를 모두 모아서 하나씩 손에 들었다. 장도리가 없는 사람은 쇠막대나 삽을 이용했다.

해적들이 일정한 간격으로 배 주위에 둘러섰다.

"자, 이제 '셋!' 하면 동시에 누르세요."

해적들은 입가에 웃음을 띠고 있었다.

"하나, 둘, 셋!"

다들 동시에 힘을 주자 배가 움직였다. 몇 명은 중심을 잃고 바다에 빠지기도 했지만 금세 헤엄쳐서 배로 올라왔다. 배가 움직이자 돌섬에는 해적들의 환호성이 메아리쳤다.

그날 이후 해적들이 날 대하는 태도가 많이 누그러졌다. 날 동료로 인정하는 듯했다. 보물섬으로 가는 항해는 다시 시작되었다. 실버는 앞으로 사흘만 더 가면 보물섬이 나온다고 했다. 정오가 되자 태양이 따갑게 내리쬐어 갑판 위에 있던 사람들은 하나둘 선실로 들어갔다.

후터는 해적선에서 나이가 가장 많고 지략이 뛰어난 해적이었다. 그는 수수께끼를 좋아해서 한가한 오후에는 항상 아리송한 문제를 내어 다른 해적들이 심심하지 않도록 했다. 그날은 실버도 문제를 기다렸다.

"이건 어제 만든 문제야. 아주 따끈따끈하지."

"얼른 문제나 내 보세요."

성격이 급한 폴이 탁자를 탁탁 쳤다.

"네 명의 해적이 있어. 해적의 이름은 헨리 모건, 애드워드 디치, 윌리엄 키드, 토머스 튜라고 해."

후터는 해적 목각 인형 네 개를 탁자 위에 올려놓았다.

"모건, 디치, 키드, 튜는 보물섬에서 똑같이 생긴 상자를 발견했어. 상자 네 개를 열어 보니 상자마다 금화가 일렬로 가지런히 놓여 있었지."

"우아!"

해적들은 자신이 마치 금화를 발견한 듯이 소리쳤다.

"그런데 상자 앞에 금화를 순서대로 사용하라는 글이 적혀 있었어. 이 말을 따르지 않으면 다음 날 아침, 남은 금화가 모두 사라진다는 거야."

"에이, 그런 게 어디 있어? 금화에 발이 달렸나?"

별명이 허수아비인 머독이 말했다.

"상자 안에 든 금화의 합은 각각 100파운드씩이고, 금화의 종류는 4파운드짜리와 5파운드짜리 두 가지야. 참고로 네 개의 상

자에 있는 금화의 순서는 모두 같아. 넷은 하루 동안 금화를 사용하고 저녁에 모여서 남은 금화를 말했어. 모건은 91파운드, 디치는 79파운드, 키드는 86파운드, 튜는 75파운드였지. 자, 이 중에 금화를 순서대로 사용하지 않아서 다음 날 아침에 금화가 모두 사라지게 될 사람은 누굴까? 가장 먼저 정답을 맞히는 사람에게 이걸 상금으로 주지."

후터는 진짜 금화 한 닢을 꺼내 보였다.

"오, 정말 금화야."

진짜 금화를 본 해적들의 눈빛이 반짝거렸다.

"일단 종이로 금화를 만들어서 계산해 보면 어때?"

피터의 말에 다들 고개를 끄덕였다.

"폴, 가서 종이랑 펜 좀 가져와."

"알았어, 실버."

"내 것도."

여기저기서 종이와 펜을 가져다 달라고 했다. 폴은 투덜거리며 종이가 있는 창고로 향했다. 다른 사람들은 폴이 돌아올 동안 머릿속으로 문제를 풀었다. 나는 수학을 싫어했지만 후터의 문제는 재미있어서 풀어 보고 싶었다.

그때 배가 살짝 기우는 듯하더니 후터가 탁자에 올려놓은 금화가 바닥으로 떨어졌다.

"바람도 없고 파도도 잔잔한데 왜 이러지?"

후터가 의아한 표정을 지었다.

"어, 어, 어……."

이번에는 배가 좀 더 심하게 기울어 기둥을 붙잡아야 할 판이었다.

그때 다급한 발소리가 들렸다.

"큰일이야. 배에 구멍이 났어."

폴이 숨을 헐떡이며 선실로 들어왔다.

"어디야?"

"어제 돌섬에서 배를 빼면서 구멍이 났나 봐."

배 밑으로 가 보니 물이 새는 곳이 한 군데가 아니었다. 노를 젓던 곳은 이미 물바다가 되어 버렸다. 갑판으로 나가 보니 배 전체가 한쪽으로 기울어져 조금씩 바닷속으로 잠기고 있었다.

"배를 포기해야겠어."

콜리가 힘겹게 말을 꺼냈다. 실버는 얼굴을 찡그리고 입을 꾹 다물었다. 잠시 생각하는 듯하더니 명령을 내렸다.

"모두 구명보트로 올라타라. 이제 길어야 한 시간이다."

배가 완전히 가라앉을 때까지는 한 시간밖에 남지 않았다. 더 이상 주저할 시간이 없었다. 모두 구명보트에 몸을 실었다. 난 피터와 재키, 모블과 함께 보트에 탔다.

보물섬까지는 큰 배로 이틀, 작은 배로는 사흘 이상을 가야 했다. 그것도 풍랑을 만나지 않았을 경우에 말이다.

식량은 네 사람이 일주일 동안 충분히 먹을 수 있을 정도로 넉넉했다. 보트는 모두 열두 척이었는데 실버는 자기가 탄 보트를 뒤따라서 진을 치도록 명령했다. 열두 척의 보트 뒤로 해적선이 서서히 가라앉고 있었다.

"자, 모두 힘차게 노를 저어라."

실버가 말하자 해적들은 노래를 부르며 노를 젓기 시작했다.

죽은 자의 함 위에 앉은 열다섯 사람
어기여차, 그리고 럼주 한 병!
술과 악마가 나머지 일은 해치웠네.
어기여차, 그리고 럼주 한 병!

노랫소리는 어둠이 내려앉는 바다 위에 울려 퍼졌다.

주위가 깜깜해지자 피터는 딱딱한 빵과 삐쩍 마른 양고기 그리고 물이 든 병을 건넸다. 해적들은 물 대신 럼주를 마셨다. 이제부터는 모두 딱딱하고 절인 음식들뿐이었다. 그래도 물이 남아 있어서 다행이었다.

밤 열두 시가 되자 실버는 열두 척의 보트를 밧줄로 연결했다. 임시로 만든 닻을 내리는 것도 잊지 않았다.

"동틀 때까진 취침이다."

작은 보트 위에서 여러 명이 자야 했기 때문에 다들 쪼그려 앉아 잠을 청했다. 하지만 풍랑을 만나면 배가 뒤집힐지도 모른다는 불안감에 쉽사리 잠이 오지 않았다. 그날 밤, 나는 짐의 일행이 군함을 타고 보물섬으로 향하는 꿈을 꾸었다.

보트에서의 첫날 밤은 무사히 지나갔다. 파도도 바람도 잔잔했지만 모포를 덮지 않으면 감기에 걸릴 정도로 쌀쌀했다. 풍랑은 어제보다 더 거셌다. 노를 젓는데 속이 울렁거렸다. 머리도 지끈거리고 배 속에 든 음식들이 목구멍으로 도로 나올 것 같았다. 작은 구명보트는 약한 풍랑에도 크게 요동쳤다. 도저히 참을 수 없을 정도로 멀미가 나 어제 먹은 것을 바다에 토해 냈다. 다 토한 것 같은데도 속에서 자꾸 구토가 밀려왔다. 내 모습을 지켜보던 모블이 시가를 조금 뜯어서 내 둘째 발가락 위에 올렸다. 시가에 불을 붙이니 영락없이 뜸이 되었다. 시가 뜸은 뜨거웠지만 참을 만했다. 하지만 시가 냄새는 정말 독했다. 모블은 시가가 아까운지 연기에 코를 들이댔다. 서너 번쯤 시가 뜸을 뜨고 나니 멀미가 훨씬 덜했다. 하지만 여전히 음식을 먹을 수가 없었다.

사흘째 아침이 되자 몸이 바다에 적응한 것인지 모블의 민간요법 때문인지 멀미가 거의 사라졌다. 나는 뱃사람이 된 기분이었다. 아침 식사로 얼마 남지 않은 마른 양고기를 씹었다.

"섬이 보인다!"

선두에 있던 배에서 폴이 소리쳤다. 폴이 탄 배에는 실버와 후

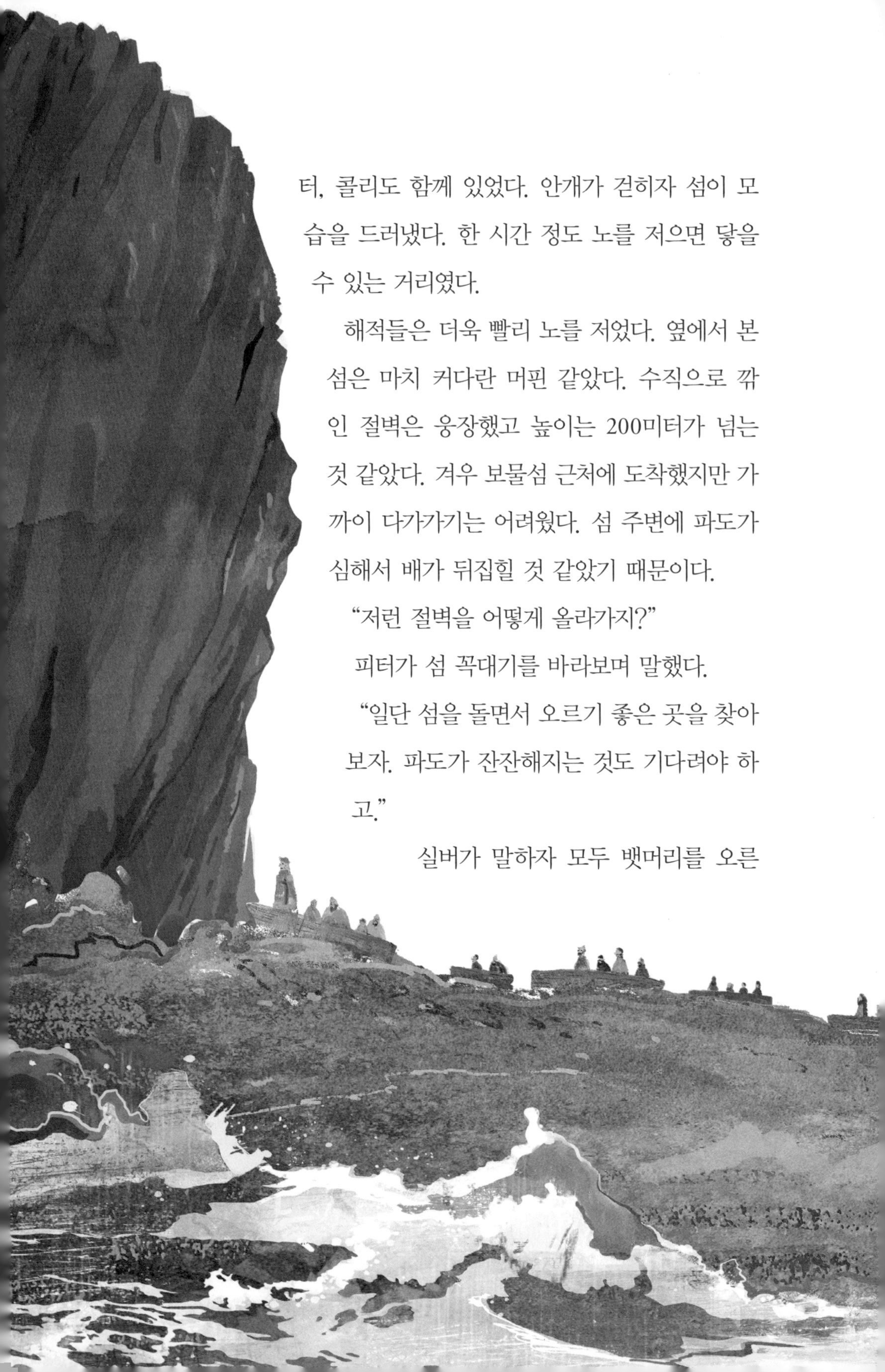

터, 콜리도 함께 있었다. 안개가 걷히자 섬이 모습을 드러냈다. 한 시간 정도 노를 저으면 닿을 수 있는 거리였다.

해적들은 더욱 빨리 노를 저었다. 옆에서 본 섬은 마치 커다란 머핀 같았다. 수직으로 깎인 절벽은 웅장했고 높이는 200미터가 넘는 것 같았다. 겨우 보물섬 근처에 도착했지만 가까이 다가가기는 어려웠다. 섬 주변에 파도가 심해서 배가 뒤집힐 것 같았기 때문이다.

"저런 절벽을 어떻게 올라가지?"

피터가 섬 꼭대기를 바라보며 말했다.

"일단 섬을 돌면서 오르기 좋은 곳을 찾아보자. 파도가 잔잔해지는 것도 기다려야 하고."

실버가 말하자 모두 뱃머리를 오른

쪽으로 돌렸다. 섬의 뒤쪽은 경사가 더 심해서 거꾸로 매달려 올라가야 할 지경이었다.

"역시 플린트야. 이런 곳에 보물을 숨길 수 있는 사람은 플린트뿐이지."

"맞아. 플린트는 덩치가 커도 몸이 날렵했지. 마음만 먹으면 저런 절벽쯤은 가뿐히 올라갔을 거야."

피터의 말에 재키가 맞장구를 쳤다.

나는 플린트가 어떤 해적인지 더욱 궁금해졌다. 그들이 만났던 최고의 해적이며 최악의 해적, 플린트.

"실버, 이제 어떻게 하지?"

콜리의 표정은 매우 어두웠다. 식량도 바닥났고 이렇게 작은 보트에 계속 있다가는 육지에 도착하기도 전에 물고기 밥이 될 게 뻔했다.

"한 바퀴 더 돌자!"

실버의 말에 여기저기서 불평이 쏟아졌다. 실버를 따라 보물을 찾으러 온 게 실수라는 말부터 실버를 믿었다가 여기서 죽게 될 거라는 말까지 모두가 술렁였다.

하지만 뾰족한 수가 없었기 때문에 열두 척의 보트는 다시 섬을 한 바퀴 더 돌았다. 약 네 시간 동안 노를 저어서 해적들은 이미 지쳐 있었다.

"한 바퀴 더!"

실버가 다시 한 바퀴를 더 돌자고 했을 때 해적들의 불만은 더욱 커졌다.

"실버, 이제 당신을 못 믿겠어."

실버 다음으로 영향력이 큰 해리스가 반기를 들었다.

"맞아. 실버, 이제 어떻게 할 셈인가?"

토미도 격앙된 목소리로 따졌다.

"나를 따르기 싫다면 떠나도 좋아. 하지만 후회는 하지 마."

실버의 목소리는 단호했다. 해적들은 수군거리며 어떻게 할지 의논했다. 그때 해리스가 소리쳤다.

"나에겐 낚싯대가 다섯 개 있다. 식량은 걱정하지 않아도 된다. 돌아갈 자는 나를 따르라."

해리스의 말에 해적들은 더욱 크게 웅성거렸다.

"난 해리스를 따라가겠어."

"나도. 실버를 따라갔다가는 보물을 찾아도 살아 돌아갈 수 없을 거야."

해적들은 너도나도 해리스 편을 들었다.

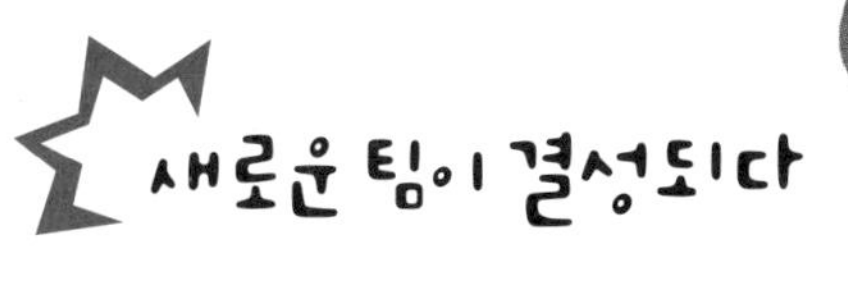

열두 척의 보트 중에서 여덟 척은 해리스를 따라 돌아가기로 했다. 나는 실버를 따르기로 했다. 피터가 실버와 후터를 따랐다가 손해를 본 적이 없다고 했기 때문이다. 그리고 나는 보물을 꼭 찾고 싶었다. 또 섬에서 벌어질 새로운 모험에 마음이 설렜다.

실버를 따르기로 결정한 사람은 후터, 콜리, 피터, 재키, 모블, 폴, 스타인슨, 제임스, 머독, 파슬란, 휘치, 얀센, 로이킨, 빅터, 칸 그리고 나까지 모두 열여섯 명이었다. 우리는 보물섬 주위를 한 바퀴 더 돌았다. 실버는 저녁이 될 때까지 계속 섬을 돌게 했다. 다섯 바퀴를 돌자 더 이상 노를 저을 힘이 없었다. 섬을 한 바퀴 도는 데 두 시간이 걸리니까 결국 열 시간이 넘게 노를 계속 저은 것이다.

"오늘은 이만 휴식이다. 내일 아침에는 섬에 오를 수 있을 테니 나를 믿어라."

남아 있는 해적 중 몇 명은 실버를 따른 것을 후회하는 눈치였다. 하지만 이제 와서 해리스를 따라갈 수도 없었다. 보트 네 척을 줄로 연결하고 임시로 만든 닻을 내린 후에 모두 잠을 청했다.

다음 날 새벽, 눈을 뜨니 실버는 벌써 일어나 섬을 바라보고 있었다. 식량도 거의 바닥나서 마지막 아침 식사를 함께 나누어 먹었다.

"오늘은 딱 두 바퀴만 돌면 된다. 자, 다들 힘내라."

한 바퀴를 돌자 실버는 두 시간 정도 휴식 시간을 주었다.

"어? 파래다."

피터는 눈이 휘둥그레져서 바닷물에 떠 있는 파래를 가리켰다. 그러고는 곧바로 바다로 뛰어들어 순식간에 커다란 파래 뭉치를 건져서 배로 돌아왔다.

"이제 점심은 걱정 마."

피터는 파래 뭉치에서 연녹색 벌레를 대여섯 마리 정도 떼어 냈다. 그것들은 파래새우였는데 벵에돔이 아주 좋아하는 먹이라고 했다. 피터는 보트를 보물섬 근처에 있는 돌섬에 대고는 낚시를 했다. 낚싯바늘에 살아 있는 파래새우를 끼우고 암초들 틈으로 낚싯대를 드리웠다. 잠시 뒤에 찌가 움직였다. 낚싯대가 크게 휘청하자 피터는 단숨에 벵에돔 한 마리를 낚아 올렸다. 한 시간

만에 벵에돔 스무 마리를 잡았다.

피터는 허리춤에서 단도를 꺼내 빠른 손놀림으로 회를 떴다. 싱싱한 벵에돔 살은 입에서 살살 녹았다. 피터 덕분에 열일곱 명이 배불리 먹을 수 있었다.

점심을 먹고 모두 쉬고 있는데 실버가 마지막으로 섬 주위를 한 바퀴 더 돌라고 명령했다. 섬 뒤쪽을 지나는데 얼핏 아래쪽에 검은 구멍 같은 게 보였다.

네 척의 보트는 다시 제자리로 돌아왔다.

"이제 섬으로 간다!"

"뭐라고?"

재키는 실버의 말을 잘못 들은 게 아닌가 하며 귀를 후볐다.

"이 섬에는 길이 두 군데 있다. 하나는 우리 앞에 있고 다른 하나는 섬 뒤쪽에 있지."

나는 실버의 말을 듣고 섬을 자세히 살펴보았다.

"아, 저기 동굴 같은 게 있어."

섬을 도는 동안 물의 높이가 낮아져서 동굴 천장이 드러나 있었다. 실버는 어제 그것을 발견하고 오늘 시계를 보면서 내내 바닷물 높이를 확인한 것이다.

"내가 앞장설 테니 모두 나를 따라 전진한다. 동굴 안이 어두울 테니 이걸 받아라."

실버는 챙겨 온 물개 기름과 등을 하나씩 나누어 주었다. 실버가 준 물개 기름은 한 시간 정도 불을 밝힐 수 있는 양이었다.

실버의 보트가 동굴 안으로 들어갔다. 아직 물이 다 빠지지 않아서 고개를 숙여야 했다.

"실버, 등을 다 밝히지 말고 맨 앞의 것과 맨 뒤의 것에 먼저 불을 붙이고 기름을 다 쓰면 두 번째와 세 번째에 불을 붙이는 게 어때요?"

나도 모르게 불쑥 말이 튀어나왔다.

"오, 그거 좋은 생각이구나. 그렇게 하면 두 시간은 버틸 수 있겠어."

네 척의 보트는 일렬로 동굴 안으로 들어갔다. 대낮이라 빛이 물에 반사되었지만 그 정도 불빛으로는 앞으로 나아가기 어려웠다. 동굴 벽에는 홍합이 까맣게 붙어 있었다. 가끔 작은 게도 눈에 띄었다. 그런데 동굴 벽을 자세히 살펴보니 저절로 생긴 동굴이 아니라 누군가 파 놓은 것 같았다. 혹시 플린트와 그의 부하들이 파 놓은 게 아닐까?

"잠깐!"

실버의 보트가 멈추어 섰다. 갈림길이었다. 어느 쪽으로 가야 할지 알 수 없었다.

"후터, 어디로 가야 하지?"

"음, 이건 정말……."

후터도 난감해했다.

"실버, 이것 봐!"

콜리가 왼쪽에 난 구멍 위를 손가락으로 비볐다. 벽에는 정삼각형이 하나 그려져 있었다.

"혹시 오른쪽에도 있는 거 아냐?"

피터가 손가락으로 오른쪽 벽을 비볐다.

"여기도 있어."

오른쪽으로 난 구멍 위에는 정사각형이 그려 져 있었다.

"이게 무슨 의미지?"

실버는 정삼각형과 정사각형을 번갈아 쳐다보았다.

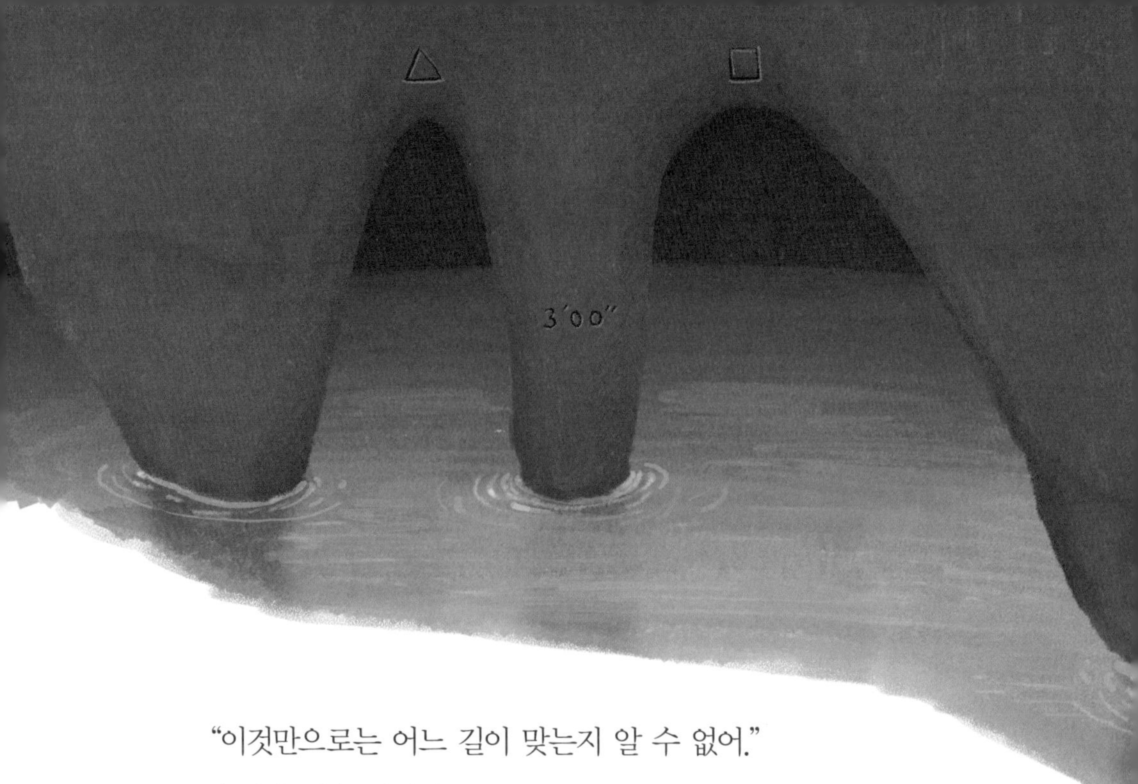

"이것만으로는 어느 길이 맞는지 알 수 없어."

후터가 입을 열었다.

"그럼, 다른 그림이 더 있는 건가?"

실버가 벽의 여기저기를 비볐다. 그리고 갈림길 가운데에 있는 기둥에서 숫자를 발견했다.

"3이야."

"가만, 이건 그냥 3이 아니야."

자세히 보니 시간을 나타내는 것처럼 벽면에 3′00″이라고 새겨져 있었다.

"3시라……. 도대체 무슨 뜻이지?"

피터가 고개를 갸우뚱거렸다.

해적들은 정삼각형과 정사각형을 그저 세모와 네모 정도로만 생각했다.

"이건 세모이기도 하지만 정삼각형이에요. 세 변의 길이와 세 각의 크기가 모두 같아요."

내 말에 해적들은 처음 알았다는 듯이 신기해했다.

그때 맨 앞과 맨 뒤의 등이 점점 빛을 잃어 갔다. 중간에 있는 사람들이 등을 밝힐 차례였다.

"오른쪽 건 정사각형인데 네 변의 길이와 네 각의 크기가 모두 같아요."

난 해적들에게 정사각형에 대해서도 설명해 주었다. 후터가 도형을 자세히 관찰했다.

"3시와 관련이 있는 도형을 찾으란 얘기인가?"

콜리가 끼어들었다.

"3시니까 혹시 세모 아니야?"

피터의 말은 그럴듯했다.

"그래. 그 말이 맞는 것 같다. 그럼 왼쪽으로 가야겠군."

모두 고개를 끄덕였다.

"음, 제 생각엔 그게 함정일 것 같아요."

내 말에 모두 의아한 표정을 지었다.

"하긴! 플린트라면 그렇게 쉽게 길을 찾도록 내버려 두지는 않을 거야."

후터가 내 생각에 동의하자 다른 해적들도 고개를 끄덕였다.

"정삼각형이라면 굳이 3시라고 할 필요가 없잖아요. 그냥 3만써 놓으면 되죠."

"좋아. 그럼 오른쪽으로 간다."

실버는 단호한 얼굴로 결정을 내리고 보트를 오른쪽으로 돌렸다. 오른쪽 길로 들어서자 갑자기 물살이 솟구쳐 보트가 위로 올라갔다. 그러더니 아래로 미끄러져 내려갔다. 놀이동산의 워터슬라이드처럼 보트가 이리저리 굽이치며 밑으로 내려갔다. 구불구불한 동굴을 빠져나오자 커다란 물웅덩이에 보트가 뒤집혀 모두 물 속에 빠졌다.

물맛을 보니 바닷물이 아닌 민물이었다. 그리고 위를 올려다보니 동그란 하늘이 보였다. 오른쪽을 선택한 게 옳은 걸까?

주위를 둘러보니 여덟 개의 문이 보였다. 벽에 단단히 고정되어 있는 문들은 겨우 한 사람이 들어갈 수 있는 크기였다. 이제 보트는 두고 가야 했다.

"문을 잘 살펴보자. 혹시 힌트가 있을지도 몰라."

실버가 문 쪽으로 다가갔다. 다들 실버를 따라 헤엄쳐 갔다. 문 가운데에는 여러 가지 도형들이 새겨져 있었다. 하지만 숫자나 시간은 어디에도 없었다. 문 주위를 손으로 문질러 보았지만 아무런 표시도 나오지 않았다. 여덟 개의 문 중에서 어느 쪽으로 들어가야 할지 알 수가 없었다.

"실버, 이제 어떻게 하지?"

피터의 말에 실버는 말없이 위를 올려다보았다. 몇몇이 보트를 뒤집어서 올라탔다. 이곳을 빠져나갈 방법은 오직 문을 열고 나가는 것뿐이었다.

"문을 한 번 열어 볼까?"

콜리가 손잡이를 당겼지만 문은 꿈쩍도 하지 않았다.

"플린트의 계략에 속았어. 이제 우린 끝이야."

스타인슨이 절망스러운 목소리로 말했다.

"3이 세모가 맞았는데……. 모두 저 녀석 때문이야."

폴이 나에게 손가락질을 했다. 나를 바라보는 해적들의 눈길이 곱지 않았다.

"어차피 우린 한 배를 탄 운명이야. 누구를 탓할 수도 없고 탓해서도 안 돼. 우린 제대로 왔어. 적어도 모두 살아 있잖아. 폴, 플린트가 어떤 녀석인지 잘 알잖아?"

실버의 말에 폴은 입을 다물었다.

"맞아. 플린트는 기회를 두 번 주지 않아. 뭐든 단칼에 베어 버리는 성격이니까."

모블이 나를 두둔했다.

그새 해가 지고 주위가 어두워졌다.

"분명히……."

후터가 동굴 끝에서 쏟아지는 물을 바라보며 입을 뗐다.

"물이 들어오는 곳이 있으면 나가는 곳도 있을 거야. 그렇다면 저 문은 속임수일지도 몰라."

후터가 말하자 모두 물속을 살폈다.

"물속에 뭔가 있어."

하지만 물살이 세고 어두워서 잘 보이지 않았다. 그렇다고 마냥 기다릴 수도 없었다.

"모두 잠수!"

실버의 말이 떨어지자 나를 뺀 해적들이 물속으로 뛰어들었다. 피터가 다시 물속에서 나와, 나에게 심호흡을 하라고 한 뒤 나를 끌고 들어갔다. 잠수를 해서 아래로 내려가니 글씨가 선명하게 보였다.

3시가 정사각형이라는 걸 맞히다니 정말 놀랍군!

하지만 왜 정사각형인지 모르면 네 운은 여기서 끝.

이건! 나는 글을 보고 깜짝 놀랐다. 문장이 스무 자로 끝났다.

플린트도 20마니아일 줄이야!

1시 12분이 어떤 모양인지 찾아서 물을 열어라!
만일 못 찾으면 내가 너희 목숨을 가져가마. 하하하!

다음 문장도 정확하게 스무 자였다.

난 더 이상 숨을 참을 수가 없어서 물 위로 올라왔다. 잠시 후, 다른 해적들도 물속에서 나와 얼굴을 내밀고 숨을 내쉬었다.

"하하하, 웃음이 터지는 걸 참느라 혼났네. 문을 열라고 해야 하는데 물을 열라니!"

보트 위로 올라오자마자 제임스가 플린트를 비웃었다.

"일단 1시 12분이 어떤 모양인지 찾아야 해."

후터의 말에 주위가 조용해졌다.

"3시가 정사각형이라고 했으니까 그걸로 원리를 찾아보자."

콜리가 보트 바닥에 칼로 정사각형을 그렸다.

"왜 3시가 정사각형일까?"

"실버, 시계 좀 볼 수 있어요?"

시각과 관련이 있으니까 시계를 보면 도움이 될 것 같았다.

"자, 이랑. 그런데 시계는 왜?"

"잠시만요."

난 실버의 시계를 3시 정각으로 맞추었다.

3시와 정사각형의 공통점을 찾는 것이 중요했다. 수학 선생님이 원리를 찾으려면 공통점을 찾거나 수식을 단순하게 만들어야 한다던 말이 떠올랐다.

정사각형과 3시는 어떤 공통점이 있을까?

그때 후터가 내 등을 두드렸다.

"이랑, 이건 어때?"

지략가인 후터가 내게 묻다니, 나는 선생님이 된 기분이었다. 후터는 보트 위에 시계를 그린 후에 그 안에 정사각형을 그렸다. 후터의 그림을 보는 순간 머릿속이 선명해지는 느낌이 들었다.

"뭔가 좋은 느낌이 드는데요?"

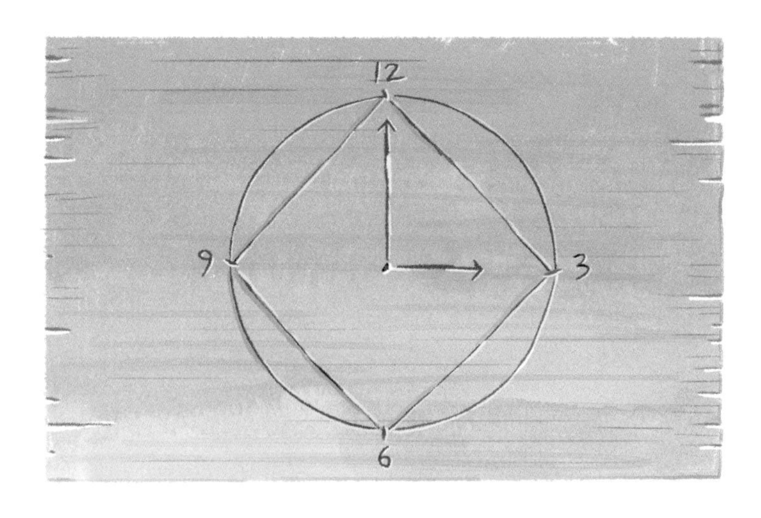

내 말에 후터는 어린아이처럼 좋아했다.

해가 수평선을 완전히 넘어갔는지 주위가 온통 깜깜했다.

"자, 내일 아침에 다시 생각하자."

실버의 말에 해적들은 보트 위에서 잠을 청했다. 나는 후터가 그린 그림이 머릿속에서 떠나지 않았다. 나는 머릿속으로 후터의 그림을 다시 그려 보았다.

'그래, 이거야! 긴 바늘과 작은 바늘이 이루는 각!'

3시 정각일 때, 긴 바늘과 작은 바늘이 이루는 각은 90도였다. 바로 그것이 3시 정각과 정사각형의 공통점이다. 이제 이걸로 원리를 찾아내야 한다. 그래야 1시 12분이 어떤 각인지 찾아낼 수 있을 테니까.

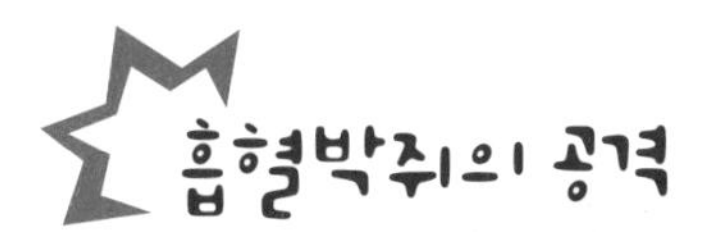

흡혈박쥐의 공격

공통점을 찾자 머릿속이 빠르게 움직이기 시작했다. 1시는 각이 30도이고, 12분은…….

푸드드득.

주위가 온통 깜깜해서 아무것도 보이지 않았지만 분명히 날갯짓 소리가 들렸다.

푸드드득, 푸드드득, 푸드득.

어둠 속에서 이렇게 날아다닐 수 있는 동물은…… 설마, 박쥐?

박쥐의 모습이 떠오르자 온몸에 소름이 돋았다. 소리가 점점 커졌다. 이 정도 소리면 수십 마리에서 많게는 백 마리가 넘을지도 몰랐다. 나는 잽싸게 양팔을 저었다. '탁' 소리를 내며 살아 있는 뭔가가 팔에 부딪쳤다. 박쥐가 확실했다.

"피터, 얼른 일어나 봐요."

나는 피터의 몸을 흔들었지만 피터는 피곤했는지 쉽사리 깨지 않았다.

"악, 아악."

건너편 배에서 비명소리가 들렸다.

"무슨 일이에요?"

내가 소리쳐 물었다.

"뭔가 목을 물었는데 피가 나는 것 같아."

제임스의 목소리였다. 비명소리를 듣고 다른 해적들도 잠에서 깼다.

"흡혈박쥐야!"

제임스가 소리쳤다.

"흡혈박쥐가 이런 외딴 무인도에 있을 리가 없어!"

후터가 소리쳤다.

"어쩌면 대규모의 흡혈박쥐 떼가 이동 중에 이곳에 머물고 있는지도 몰라."

실버가 말했다.

"악! 나, 나도 물렸어."

이번에는 폴의 목소리였다. 놈들의 공격은 강하고 정확했다. 이러다가는 모두 흡혈박쥐의 밥이 될지도 몰랐다. 어둠 속에서 공격하는 박쥐 떼를 막는 것은 불가능했다.

"모두 물속으로 뛰어들어."

실버가 소리쳤다.

모두 물속으로 들어가자 박쥐의 움직임도 잠잠해졌다. 나는 예전에 인터넷에서 흡혈박쥐에 대한 기사를 본 적이 있었다. 흡혈박쥐는 코에 온도를 감지하는 센서가 있는데 그 센서로 동맥이나 정맥을 찾아서 공격한다고 했다. 그렇다면 제임스와 폴이 물린 곳은 동맥이나 정맥일 가능성이 크다. 두 사람은 피를 많이 흘리거나 바이러스에 감염되어서 목숨을 잃을 수도 있었다.

한동안 머리 위를 맴돌던 박쥐 떼는 희미하게 새벽빛이 들어오자 하나둘 사라졌다. 주위가 조금 밝아지자 제임스와 폴의 처참한 모습이 보였다. 목에서는 피가 멈추지 않았다. 같은 보트에 타고 있던 동료들이 지혈을 했지만 피가 멎지 않았다. 제임스는 눈이 풀리고 폴은 신음소리를 내며 매우 고통스러워했다.

"제임스, 정신 차려!"

콜리가 소리쳤다. 하지만 제임스는 더 이상 숨을 쉬지 않았다. 어디선가 플린트가 지켜보고 있는 것 같았다. 어제 플린트를 비웃었던 제임스가 오늘 목숨을 잃었으니 말이다.

한편 폴의 몸은 불덩이처럼 뜨거웠다. 가끔 헛소리를 하고 팔을 움직이지 못했다. 하지만 후터가 폴의 옆에서 정성껏 보살핀 덕분에 시간이 지날수록 폴의 상태는 조금씩 좋아졌다. 만약 플린트의 문제를 풀지 못한다면 모두 제임스의 곁으로 갈 것이다.

1시 12분과 짝인 도형을 찾아라

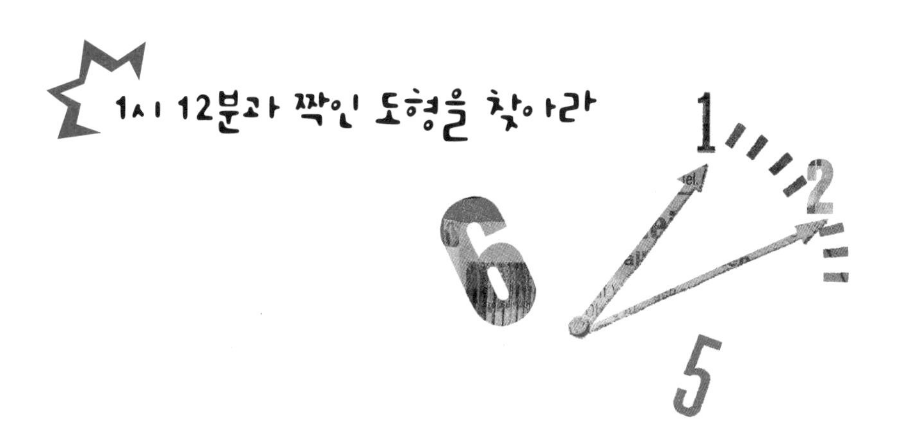

“보물을 찾으면 죽은 자의 몫은 바다에 뿌린다. 그리고 우린 우리의 몫을 위해 최선을 다해야 한다.”

실버가 죽은 제임스를 잠시 추모하더니 비장한 목소리로 선언하듯이 말했다.

“실버, 사실 어젯밤에 실마리를 찾았어요. 3시 정각과 정사각형의 공통점은 직각이에요. 직각은 책의 모서리 같은 모양을 말해요. 그러니까 시침과 분침이 만들어 내는 각을 찾아서 그 각으로 원을 나누면 돼요.”

내 설명을 들은 해적들의 얼굴이 밝아졌다.

“그럼 4시 정각은 정삼각형이네.”

“맞아요.”

나는 태엽 시계를 돌리며 설명했다.

"그럼 이제 1시 12분에 시계를 맞추고 큰 바늘과 작은 바늘이 만드는 각을 찾기만 하면 되겠군."

"맞아요, 후터."

해적들은 저마다 시계를 돌리며 다양한 각을 만들었다.

"1시 12분은 내가 만들겠어."

실버가 시곗바늘을 돌려 1시 12분을 맞추고 작은 눈금을 세어 각이 36도라는 걸 알아냈다. 그렇다면 답은 정십각형이다.

"그럼 우리가 찾는 문은 바로 저거군."

모블이 정십각형 모양이 새겨진 문을 가리켰다. 하지만 그 문은 여전히 열리지 않았다.

"이런, 정답을 찾아도 문을 열 수 없다니!"

"플린트는 역시 악랄해."

후터는 화가 났는지 정십각형 문 앞에 있는 물을 주먹으로 내리쳤다. 그러자 물이 갈라지면서 파랑이 수면 위로 퍼져 나갔다. 그 모습을 가만히 보고 있으니 플린트의 말이 떠올랐다.

'물을 열어라!'

물을 열라고……. 그래, 바로 저거야!

"문이 어디 있는지 알 것 같아요!"

"그래?"

다들 놀란 표정으로 나를 바라보았다. 난 우리가 내려온 동굴의 워터슬라이드로 다가갔다. 그리고 흘러내리는 물에 손을 집어넣었다. 그러자 물이 양쪽으로 갈라져 쏟아졌다. 내 손 아래로 공간이 생긴 것이다. 그 안을 들여다보니 밖에 있는 문과 똑같이 생긴, 여덟 개의 문이 있었다.

"실버, 어서 이리로 와서 저 문을 당겨 보세요."

"알았어."

실버가 갈라진 물줄기 사이로 들어가 정십각형의 문을 당기자 문이 열리면서 흐르던 물도 멈추었다.

문 안으로 들어서자 계단이 나타났다. 돌로 만든 계단이었는데 각 층의 간격과 높이가 일정했다. 계단의 돌 틈 사이로 갯강구가 빠르게 왔다 갔다 했다.

피터는 갯강구를 잡아 망에 넣으면서 올라갔다.

"피터, 그건 잡아서 뭐하려고요?"

"응. 배고플 때 먹으려고. 생긴 건 이래도 맛이 제법이야."

주위를 둘러보니 다른 해적들도 갯강구를 잡고 있었다.

드디어 마지막 돌 계단을 밟고 섬 위로 올라왔다.

"우아!"

해적들은 저마다 탄성을 질렀다. 배 위에서 보던 것과 전혀 다른 풍경이 펼쳐졌다. 넓은 들과 숲은 마치 밀림 같았고 섬 가운데에는 커다랗고 편평한 고원이 우뚝 솟아 있었다. 마치 커다란 나무의 그루터기 같았다.

"피터, 불 좀 피워."

"알았어, 실버."

피터는 판판한 나무와 곧은 나뭇가지, 그리고 활처럼 휜 나뭇가지를 구해 왔다. 그러고는 주머니에서 줄을 꺼내 능숙한 손놀림으로 휜 나뭇가지를 묶어 활을 만들었다. 단도를 이용해서 판판한 나무에 홈을 파고 곧은 나뭇가지를 줄에 걸었다. 나뭇가지 끝을 홈에 대고 활을 앞뒤로 빠르게 당기자 눈 깜짝할 사이에 연기가 피어올랐다. 30초도 지나지 않아 새빨간 불씨가 보였다.

"이랑, 마른 풀 좀 가져와."

내가 마른 풀을 구해 오자 피터는 불씨를 모아서 "후, 후." 하고 몇 번 바람을 불었다. 그러자 금세 마른 풀에 불이 붙었다. 모블과 재키는 어느새 모닥불을 피울 준비를 해 두었다. 피터가 만든 불씨를 쌓아 놓은 나무 아래에 넣자 나무로 불이 옮겨 붙었다. 몇 명의 해적들은 커다란 나뭇잎에 갯강구를 싸서 활활 타오르는 불 위에 올려놓았다. 실버는 갯강구 대신 세숫비누만 한 게 여섯 마리를 나뭇잎에 싸서 놓았다.

갯강구와 게가 익어 가는 동안 해적들은 나무 열매를 따 왔다. 망고와 람부탄 말고는 모두 처음 보는 것들이었다.

후터는 풀숲을 뒤적이더니 칼로 덩굴을 내리쳤다. 그러자 물이 쏟아져 나왔다. 금세 열 개가 넘는 물통이 가득 찼다. 과일과 구운 갯강구, 구운 게로 차린 점심 식사는 훌륭했다. 갯강구는 새우와 비슷한 맛이었는데 꽤 먹을 만했다. 실버가 건네준 게는 살이 꽉 차 있었다. 해적들은 게 껍질까지 모두 먹어치웠다.

정오가 되자 햇살이 따가웠다. 해적들은 하나둘 나무 그늘 아래에 누워 쉬었다.

실버와 후터, 콜리는 보물 지도를 펴 놓고 회의를 하고 있었다.

난 바다를 살폈다. 혹시 짐이 오지 않을까 하는 마음에서였다.

그때 후터가 해적들을 불러 모았다.

"모두 모여라!"

모블은 배가 고픈지 갓 딴 망고를 까서 한입에 넣고 우걱우걱 씹었다. 망고 즙이 입가로 흘러내렸다.

"일단 이곳에 거처를 만든다."

"막사를 짓자는 말이야, 후터?"

"이곳의 기후도 잘 모르고 어떤 위험이 도사리고 있을지 모르

니까 지낼 곳을 지어 두는 게 좋아."

후터의 말은 일리가 있었다. 어제처럼 흡혈박쥐가 다시 찾아올 수도 있고, 또 우리가 알지 못하는 무시무시한 동물이 나타날지도 모르기 때문이다.

"해가 지려면 시간이 남았으니까 우선 도끼를 만들어서 기둥으로 쓸 만한 나무를 구하는 게 좋겠어."

파슬란과 얀센이 콜리의 뒤를 따랐다.

"난 지붕으로 쓸 만한 걸 찾아볼게."

"나도 같이 가."

칸이 빅터를 따라갔다.

남은 사람들은 땅을 다지기로 했다. 삽이나 곡괭이 같은 도구는 없었지만 돌을 칡넝쿨로 감아 연장으로 사용했다. 가장 크고 힘이 센 피터가 돌 다듬는 일을 맡았다.

해적들은 한 시간 만에 바닥 다지기를 끝냈다. 파슬란과 얀센, 콜리는 굵은 나무통 아래를 뾰족하게 깎았다. 그리고 칡넝쿨을 이용해서 나무기둥들을 연결했다. 해질 무렵, 집의 뼈대가 완성되었다. 지붕으로 쓸 넓은 잎을 구해 온 빅터와 칸은 토끼도 세 마리 잡아왔다. 덕분에 저녁식사로 맛있는 토끼 바비큐를 먹을 수 있었다. 저녁을 먹고 지붕을 엮어서 올리니 막사가 완성되었다. 목수 출신인 칸이 마지막 마무리를 맡았다.

제법 집 모양을 갖춘 막사에 들어오자 해적들은 후터 주변으로 몰려들었다.

"후터, 지난 번 그 문제 다시 얘기해 봐!"

실버가 말했다.

후터는 목각 인형 네 개를 꺼냈다. 그리고 다시 문제를 설명했다. **(문제가 기억 나지 않으면 59쪽을 읽어 보세요!)**

"아, 정말 모르겠다. 나 같으면 첫날 금화를 다 써 버리고 고민하지 않겠어."

빅터가 머리가 아프다는 시늉을 했다.

"난 키드가 금화를 모두 잃었을 거라고 생각해."

로이킨의 말에 후터가 흠칫 놀라는 표정을 지었다.

"왜 키드라고 생각하지?"

콜리가 이유를 물었다.

"왜냐고? 그야 간단하지. 넷 중에 가장 악랄하거든."

"하하하."

로이킨의 말을 듣고 모두 웃었다.

"로이킨, 만일 이 중에 플린트가 있었다면 뭐라고 답할 텐가?"

"모블, 그걸 질문이라고 하는 거야? 당연히 플린트지. 하하하."

"이봐, 말조심 해. 플린트가 듣고 있을지도 몰라."

스타인슨이 왼손 검지를 입에 가져갔다.

"자네 아주 겁쟁이군. 제임스가 플린트를 놀려서 죽었다고 생각하는 건가?"

로이킨이 스타인슨을 비웃었다.

"뭐라고? 겁쟁이라고?"

분위기가 갑자기 살벌해졌다. 몸싸움이 벌어질 것 같았다.

"자, 플린트 이야기는 별로 유쾌하지 않으니까 그만들 하자고."

싸움이 커지기 전에 후터가 상황을 정리했다.

"일단 누가 얼마를 썼는지 알아보는 게 어때?"

실버는 목각 인형들 밑에 수를 적었다. 모건 밑에는 9파운드, 디치 밑에는 21파운드, 키드 밑에는 14파운드, 튜 밑에는 25파운드를 적었다.

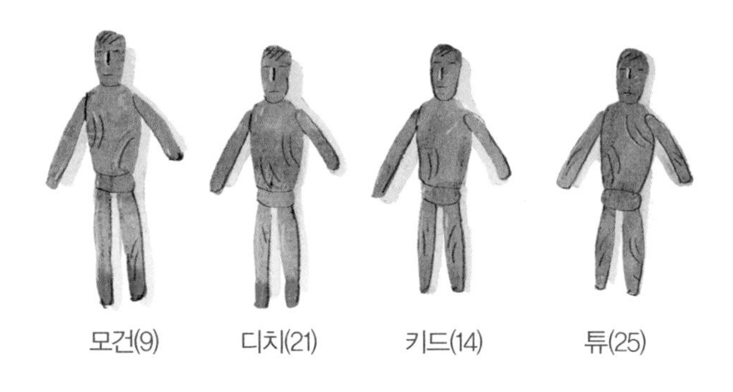

이어서 콜리가 써 내려갔다.

모건 아래에는 4, 5를, 디치 아래에는 4, 5, 4, 4, 4를, 키드 아래에는 4, 5, 5를, 마지막으로 튜 아래에는 4, 5, 4, 4, 4, 4를 적었다.

난 그 숫자들을 가만히 살펴보았다. 마치 큰 수를 작은 수로 나눠 놓은 것 같았다. 이렇게 풀이해 놓은 콜리가 만약 학교를 다녔다면 우등생이 아니었을까?

"그런데 이건 금화의 순서가 모두 다르잖아. 네 개의 상자 모두 같은 순서로 금화가 놓여 있다고 했으니까 다시 배치해야 해."

실버가 예리하게 지적했다.

"모건이 잘못 사용한 게 아니라면 우선 4와 5를 순서대로 사용했다고 치자."

콜리는 역시 우등생다웠다. 점점 답에 가까워지는 느낌이 든다. 해는 벌써 졌지만 막사 안은 그리 어둡지 않았다. 피터가 등에 쓸 기름을 구해 왔기 때문이다. 빅터와 로이킨은 파슬란과 휘치, 얀센이 있는 쪽으로 가서 잠을 청했다. 나도 졸리긴 했지만 곧 답이 나올 것 같아 조금 더 버티기로 했다.

"금화 경쟁자가 줄어들었군. 자, 얼른 해결해서 금화를 가져가라고!"

후터의 말에 열기가 한층 뜨거워졌다. 실버는 말없이 숫자를 순서에 맞추어서 다시 배열했다. 그의 손은 기계처럼 정확하고 빨랐다. 아직 숫자가 다 배열되지 않았지만 난 이미 답을 알 수 있었다. 정답은…….

"키드야. 정말 키드가 정답이었어. 키드는 4파운드 금화를 하나만 남기고 다 써 버렸어."

표로 간단히 정리한 실버가 허탈한 표정을 지었다.

모건(9)	4	5				
디치(21)	4	5	4	4	4	
키드(14)	4	5	5			
튜(25)	4	5	4	4	4	4

"그럼, 로이킨이 답을 맞힌 거잖아?"

피터도 황당하다는 표정을 지었다.

"로이킨은 정답이 키드인 이유를 모르니까 금화를 받을 자격이 없어."

"콜리 말이 맞아."

모블이 맞장구를 쳤다.

"그럼 금화는 실버의 것이군."

후터는 4파운드짜리 금화를 꺼내 실버에게 주려고 했다.

"난 금화를 받을 수 없어. 이유를 몰랐더라도 가장 먼저 정답을 맞힌 건 로이킨이니까 금화의 주인은 로이킨이야."

실버는 해적이라고 하기에는 너무 정직했다.

금화의 주인이 결정되자 해적들은 겉옷이나 바나나 잎을 덮고 잠을 청했다.

주변을 정찰하다

다음 날 나와 피터, 재키는 서쪽 동굴 정찰을 맡았다. 후터와 실버는 막사를 지켰고 로이킨, 빅터, 칸은 동쪽 돌산으로, 나머지 사람들은 중앙에 있는 고원 앞 밀림을 돌아보기로 했다.

흡혈박쥐에게 당한 기억이 있어서 동굴이 조금 두려웠다. 피터가 그런 내 마음을 알았는지 잠깐 보기만 하고 올 거니까 겁내지 말라고 안심시켰다. 그리고 지금은 박쥐가 활동하는 시간이 아니라고 했다.

동굴은 막사에서 조금 떨어진 곳에 있었다. 가는 길에 망고 나무가 몇 그루 있어서 망고를 따서 간식거리로 챙겼다.

동굴 분위기는 매우 스산했다. 입구에는 여덟 개의 까만 눈을 반짝이는 왕거미들이 기어 다녔고 뱀도 눈에 띄었다. 동굴 안으로 들어서자 깜깜해서 한 치 앞도 나아갈 수 없었다. 재키와 피터가 번갈아 가며 부싯돌들을 쳤다. 불빛이 반짝할 때마다 동굴 안이 잠깐씩 보였다.

“재키, 잠깐만 멈춰 봐.”

피터의 말에 다들 멈춰서 귀를 기울였다. 아주 작은 소리가 동굴 안을 울렸다.

툭.

“피터, 머리 위에 뭐가 떨어졌어요.”

피터는 내 머리 위에서 부싯돌을 쳤다. 그러더니 손을 마구 휘저었다.

“으, 벌레잖아.”

피터가 아래쪽에다 부싯돌을 다시 치고 보니 바닥은 벌레로 우글거렸다. 이미 다리 위로 올라온 녀석들도 제법 많았다.

“얼른 동굴 밖으로 나가자!”

재키의 말에 우리는 모두 동굴 밖으로 뛰어 나왔다. 엄지손가락만 한 벌레들이 다리에 붙어서 피를 빨고 있었다. 벌레들은 몸이 동그랗게 부푼 상태였다. 내가 당황해서 멍하게 서 있는 사이에 피터는 내 다리에서 벌레

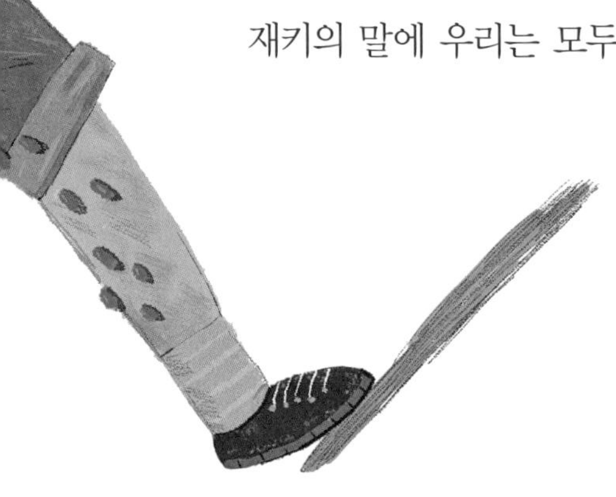

여덟 마리를 떼어 냈다. 벌레에게 물린 곳에서는 피가 흘렀다.

"자, 이걸로 누르고 있어."

피터는 겉옷을 찢어 나에게 건넸다. 그러고 나서 자기 다리에 붙은 벌레도 떼어 냈다. 벌레들은 바닥에서 버둥거렸다.

"고마워요. 피터."

피터는 대답 대신 싱긋 웃었다.

결국 우리는 동굴 탐험을 포기하고 막사로 돌아갔다.

막사 밖에서는 로이킨과 빅터, 칸이 쉬고 있었다. 밀림으로 간 사람들은 아직 돌아오지 않았는지 보이지 않았다. 막사 안으로 들어가니 실버와 후터가 보물섬 지도를 놓고 이야기하고 있었다.

"음, 여기와 여기. 보물이 있는 곳은 모두 두 곳이야."

"우선 우리가 어디 있는지 지도에서 찾아야 해."

실버는 지도를 들고 밖으로 나갔다. 나와 후터, 피터도 실버를 따라 나갔다.

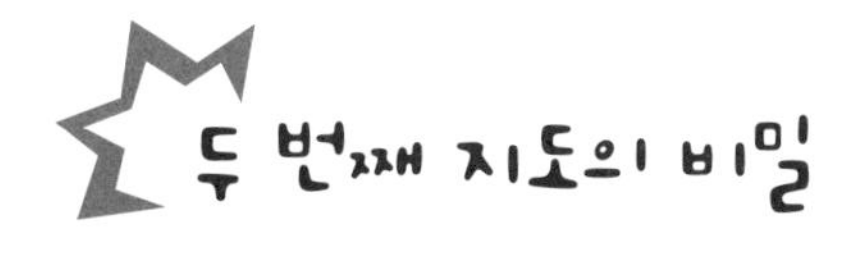

지도를 살펴보니 우리가 있는 곳은 바닷가 근처의 커다란 바위 앞이었다.

"우리는 여기 있는 게 아닐까요?"

내가 조심스럽게 지도를 가리키며 입을 열었다.

"그런 것 같구나."

실버는 주변을 살펴보더니 고개를 끄덕였다. 보물 지도에는 바위 정면에 보이는 커다란 나무 쪽으로 열두 걸음을 간 후 그곳에서 10시 방향으로 다시 세 걸음을 가면 보물이 있다고 표시되어 있었다.

플린트와 체구가 가장 비슷한 재키가 지도에 나온 대로 걸었다. 그리고 그곳을 피터가 삽으로 팠다.

"여기가 맞나 봐. 삽이 잘 들어가네."

순식간에 피터는 허리가 안 보이도록 땅을 깊이 파 들어갔다.

탁.

삽에 무언가 부딪히는 소리가 났다. 피터는 손으로 흙을 살살 털어 잽싸게 상자를 꺼냈다. 보물을 찾는 게 이렇게 쉽다니! 게다가 상자에는 잠금장치도 없었다.

"피터, 얼른 뚜껑을 열어 봐."

"알았어."

실버의 재촉에 피터는 상자의 뚜껑을 열었다.

끼이익, 턱.

"엥? 이게 뭐야, 지도뿐이잖아?"

상자 안에는 보물이 아니라 새로운 지도가 들어 있었다.

후터가 조심스레 지도를 펼쳤다. 새로운 지도는 실버가 갖고 있는 보물 지도와 크기가 똑같았지만 모양은 달랐다. 네 개의 직선을 이어서 사각형을 그리고, 가운데에 대각선 하나가 더 그려져 있었다.

지도 아래에는 막 흘려 쓴 글씨가 있었다.

"플린트답군."

플린트와 함께 생활한 적이 있는 후터와 실버가 고개를 끄덕였다.

"이건 10년 전에 묻어 놓은 지도야."

'그럼 지금이 1760년이라는 말인가?'

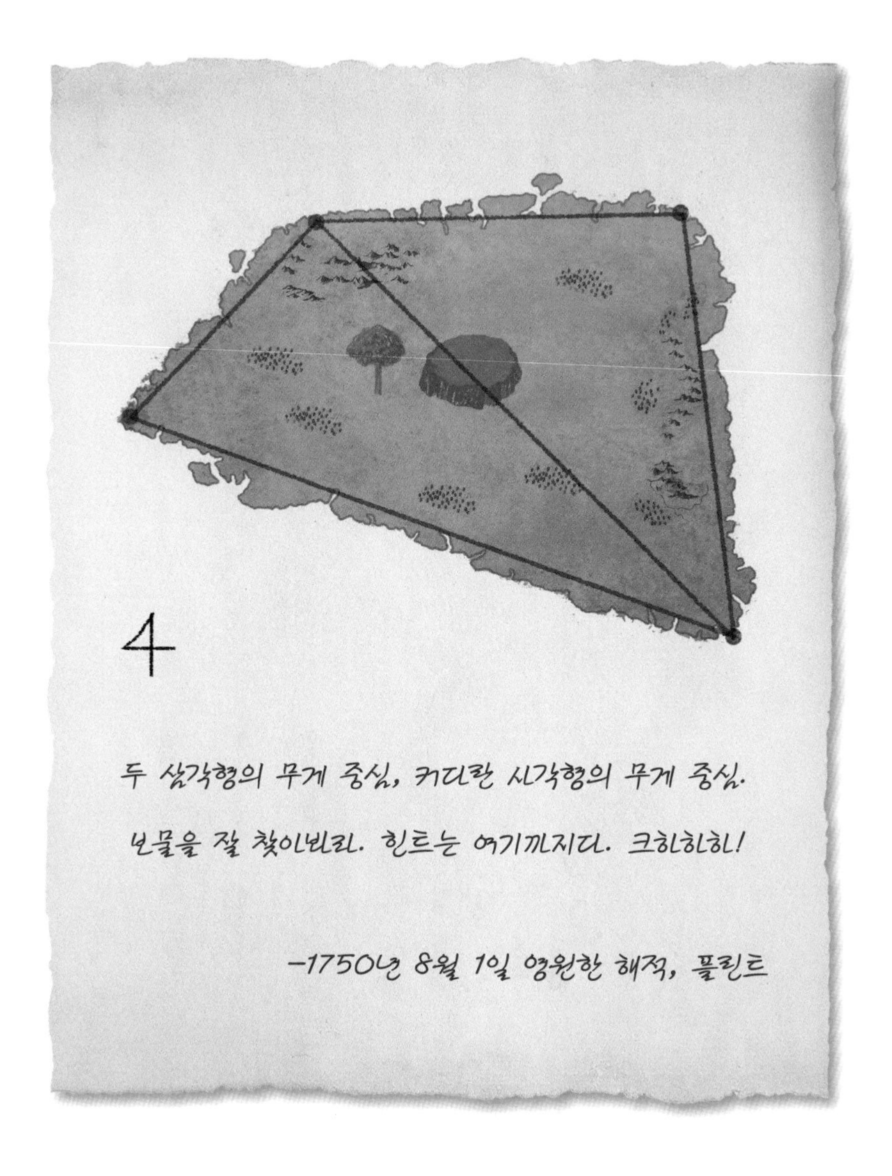

"보물이 있다고 표시된 곳에도 아마 지도가 있을 확률이 높아."

"나도 자네와 같은 생각이야, 실버."

"그런데 두 삼각형의 무게 중심이 무슨 말이지? 사각형의 무게 중심은 또 뭐고?"

재키가 신을 벗어서 손가락 위에 올려놓고 균형을 잡아 보였다.

"이런 게 무게 중심 아니야?"

"음, 그럴싸해."

"그런데 삼각형과 사각형의 무게 중심을 어떻게 찾지?"

다른 해적들도 우리가 있는 곳으로 하나둘 모여들었다.

"두 삼각형의 무게 중심 사이에 커다란 사각형의 무게 중심이 있다는 말인가?"

"그럼 삼각형의 무게 중심부터 찾아야 해."

실버가 문제 해결의 출발점을 제시했다.

"이, 이거……."

흡혈박쥐에게 물린 폴이 주머니에서 무언가를 꺼냈다. 바로 식당에서 가지고 놀던 긴 나무판과 정육면체 블록들이었다. 폴은 나무판에 블록을 하나씩 올려서 평형을 만들었다.

"그래, 이거야. 양쪽의 무게를 같게 하는 중심……."

"무, 게, 중, 심!"

모두 동시에 외쳤다.

"그럼 삼각형의 균형을 잡으면 되네."

피터가 언제 만들었는지 나무로 만든 삼각형 하나를 꺼냈다. 그러고는 검지로 중심을 잡으려고 했지만 자꾸 땅에 떨어졌다.

"이걸로 해 보면 어때요?"

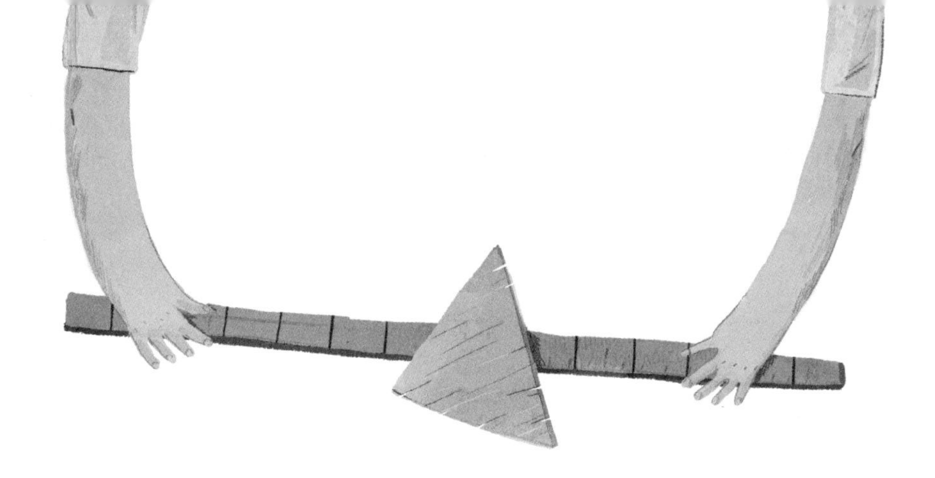

나는 폴의 긴 나무판을 내밀었다. 아무래도 한 점으로 중심을 잡는 것보다 직선으로 중심을 잡는 것이 더 쉬울 것 같았다. 피터가 만든 삼각형은 긴 판 위에서 금세 중심을 잡고 균형을 이뤘다.

"이랑 이 녀석, 제법 똘똘한데?"

모건이 지저분한 손으로 내 머리를 쓰다듬었다.

"그런데 직선으로 중심을 잡으면 무게 중심은 어떻게 찾지?"

실버의 말에 모두 표정이 굳어졌다.

일단 나무 삼각형이 폴의 긴 나무판 위에서 평형을 이루었다는 말은 그 직선 위에 삼각형의 무게 중심이 있다는 말이다. 그때 나무 삼각형이 중심을 잃고 땅에 떨어졌다.

"이런, 중심을 다시 찾아야겠어."

실버가 긴 나무판 위에 나무 삼각형을 올려서 다시 중심을 잡는 순간, 내 머릿속에서 무언가 번쩍했다. 나무 삼각형이 균형을 이루도록 만드는 직선은 하나가 아니다. 그 직선들은 서로 만날 것이고, 그렇다면 직선이 만나는 점이 바로…….

"후터, 잠시 펜 좀 빌릴 수 있을까요?"

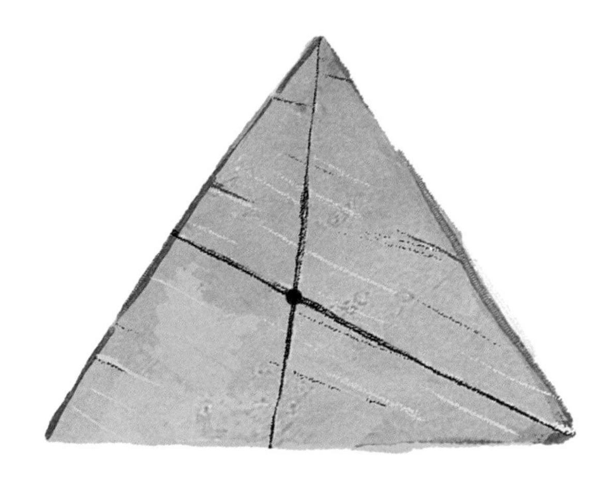

후터는 흔쾌히 펜을 빌려 주었다.

난 실버가 찾은 중심선을 삼각형에 표시했다. 그리고 나무 삼각형이 판 위에서 다시 균형을 잡도록 이리저리 놓았고, 그렇게 발견한 다른 중심선도 펜으로 표시했다.

"이제 됐어요. 이 점이 바로 무게 중심이에요."

내 말에 모두 어안이 벙벙한 표정을 지었다.

나는 손가락을 세우고 두 직선이 교차하는 점이 손가락 끝에 오도록 삼각형을 올렸다. 그러자 나무 삼각형이 정확하게 중심을 잡았다.

"오, 대단해!"

여기저기서 탄성이 흘러나왔다. 나도 내가 이런 놀라운 사실을 발견했다는 것이 실감 나지 않았다.

"그런데 지도에 있는 삼각형의 중심을 찾으려면 지도를 잘라야 하는 거야?"

"아니야, 재키. 지도는 가죽으로 되어 있어서 잘라도 소용없어."

"길이를 재서 나무판에 그대로 옮겨 그리면 돼."

콜리가 말했다.

"좋은 생각이야. 얼른 시작하자."

"칸은 해적이 되기 전에 목수였으니까 이런 일은 식은 죽 먹기 일 거야."

모블이 칸을 추켜세웠다.

칸의 손놀림은 정말 놀라웠다. 우선 사각형의 네 직선과 그 사각형을 가로지르는 대각선의 길이를 측정하기 위해 허리춤에서 네 개의 실패를 꺼내 각각 실을 풀어 팽팽하게 당긴 뒤 길이를 표시했다. 길이를 모두 측정한 다음, 실에 빨간 과일즙을 묻혔다. 그리고 그중 한 실을 나무판에 놓아 과일즙 색깔의 직선이 묻어 나도록 했다. 나는 칸이 과연 어떻게 각을 옮겨 도형을 똑같이 만들지 궁금했다. 그때 수학 시간에 눈금 없는 자와 디바이더로 작도를 한 일이 떠올랐다. 지금은 디바이더도 없는데 칸은 과연 해낼 수

있을까?

칸은 먼저 그어 놓은 직선의 양쪽 끝에 과일즙이 묻은 다른 실을 하나씩 맞춘 후, 양 발가락으로 눌렀다. 그리고 양손으로 실의 다른 끝을 하나씩 잡은 후 팽팽하게 당겨 두 실이 만나도록 호를 그렸다. 실의 두 끝이 만나는 점을 손톱으로 눌러 표시했다. 이렇게 각 실로 호를 그리고, 호가 만나는 점들을 표시해 그 점들을 모두 이었다.

"역시 칸이야."

모두 칸의 솜씨에 감탄했다.

칸은 같은 방법으로 다른 삼각형도 만들었는데 10분도 채 걸리지 않았다.

작도가 끝나자 모블이 톱으로 두 개의 삼각형을 잘라냈다. 두 삼각형을 지도 위에 올려 보니 모양이 같았다. 이미 앞에서 무게 중심을 찾는 방법을 알았기 때문에 두 삼각형의 무게 중심 찾는 일은 그리 어렵지 않았다. 실버와 콜리가 무게 중심을 찾은 두 개의 삼각형을 지도 위에 올렸다.

"음, 이제 답이 보이는군."

후터가 수염을 쓰다듬으며 입을 뗐다.

"실버가 예상했던 대로 이 두 무게 중심을 직선으로 연결하면 이 위에 사각형의 무게 중심이 있을 거야."

"즉, 두 점 사이에 보물이 묻힌 곳이 있다는 말이군요."

〈칸의 작도법〉

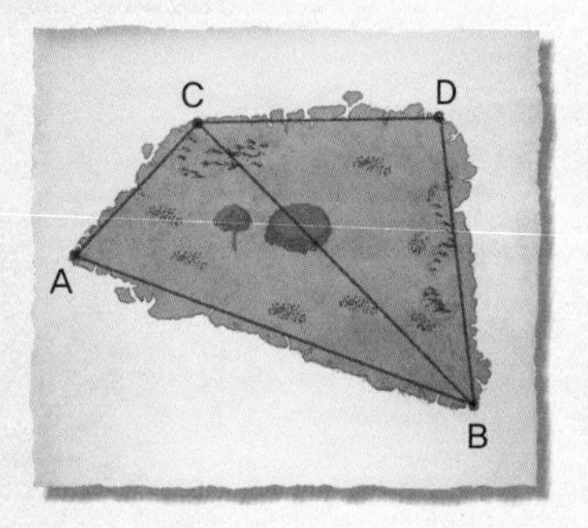

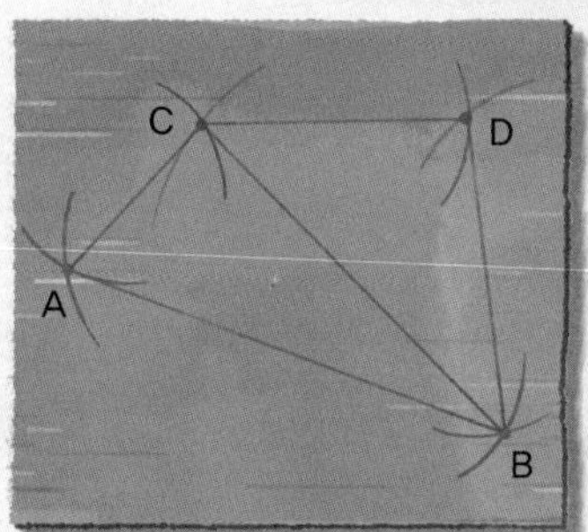

❶ 선분 AB를 실로 잰 후, 과일즙을 묻혀서 나무판 위에 같은 길이의 직선을 만든다.

❷ 선분 AC와 길이가 같은 실의 한쪽 끝을 나무판 A에 두고 호를 그린다. 마찬가지로 선분 BC의 길이와 같은 실의 한쪽 끝을 B에 두고 호를 그려 두 호가 만나는 지점을 표시한다.

그 지점이 C이다.

❸ 이런 방법으로 D의 점을 찾아 모두 연결하면 지도의 사각형과 같은 크기의 사각형이 만들어진다.

나는 입이 근질거려서 바로 말했다.

"맞아. 바로 그거야."

그때 스타인슨이 나무로 만든 두 개의 삼각형을 들고 입을 열었다.

"난 나무판으로 만든 삼각형을 못 믿겠어."

"못 믿다니, 그게 무슨 소리야?"

"여길 봐. 이 나무 삼각형은 홈도 있고 결도 달라. 이렇게 일정하지 않은 나무 삼각형에서 찾은 무게 중심은 틀릴 수도 있다는 말이지."

스타인슨의 말은 그럴듯했다.

스타인슨은 갑자기 긴 나무판을 칸에게 건네며 한 가운데를 표시해 보라고 했다. 칸은 실을 이용해서 금세 긴 나무판의 중심을 찾았다.

"자, 여길 봐. 여기가 칸이 찾은 나무판의 중심이야. 물론 이 중심은 나무의 길이에 대한 중심이겠지. 만약 나무 모든 곳의 무게가 일정하다면 여기에 실을 맸을 때 평형을 이룰 거야. 하지만 그렇지 않다면 나무는 기울어지겠지."

후터도 말없이 고개를 끄덕였다.

나는 결과가 궁금했다.

"어서 중심에 실을 달아서 확인해 봐, 칸."

후터가 말하자 칸은 긴 나무판에 실을 달았다. 나무판을 놓고 실을 잡자 나무판이 한쪽으로 기울었다. 그 순간, 모두의 얼굴이 굳어졌다. 지금까지 노력한 것이 수포로 돌아가는 순간이었다.

어느덧 노을이 붉게 물들었다. 막사로 돌아와 저녁 식사를 하는 내내 다들 전쟁에서 지고 돌아온 병사와 같은 표정을 짓고 있었다.

나는 막사 안에서 등불을 켜고 나무 삼각형 두 개를 살폈다. 그러던 중에 두 나무 삼각형이 공통으로 갖고 있는 한 직선이 자꾸 눈에 들어왔다.

꼭짓점에서 내려 그은 선은 양쪽을 거의 절반으로 나누는 것 같았다. 난 바닥에 삼각형을 그리고 한 변의 중심에 점을 찍었다. 그리고 칸의 방법을 이용해 중심과 마주보는 꼭짓점까지 직선을 그었다. 그리고 나머지 두 변의 중심과 마주보는 꼭짓점을 모두 연결했다. 그러자 신기하게도 하나의 점에서 모두 만났다.

'이게 진짜 삼각형의 무게 중심일까?'

난 다시 바닥에 정삼각형을 작도했다. 컴퍼스는 없었지만 종이에 구멍을 뚫어서 컴퍼스를 대신할 수 있다는 걸 알고 있었다. 정삼각형의 밑변을 정확하게 반으로 나누고 그 중심에서 마주보는 꼭짓점을 연결하고 삼각형의 넓이를 구하는 공식으로 양쪽 넓이를 계산해 보았다. 양쪽의 넓이는 같았다.

〈직각삼각형 넓이 구하기〉

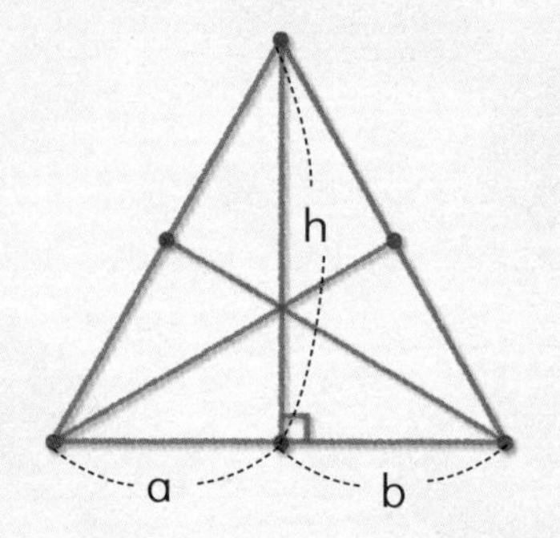

❶ 왼쪽 직각삼각형의 넓이는 a×h÷2이고, 오른쪽 직각삼각형의 넓이는 b×h÷2이다.

❷ 정삼각형의 밑변을 정확하게 반으로 나누었기 때문에 a와 b는 길이가 같다.

❸ 여기서 'a×h÷2=b×h÷2'가 성립하므로 양쪽 직각삼각형의 넓이는 같다.

'그렇다면 양쪽의 무게가 같다는 말?'

내가 좀 전에 그렸던 세 변의 중심과 각각 마주보는 꼭짓점을 연결한 선들은 모두 삼각형을 반으로 나누는 무게 중심 선이었다. 그리고 무게 중심 선들이 만나는 점이 바로 삼각형의 진짜 무게 중심이 된다.

어느새 밤이 깊었다. 주위를 둘러보니 모두 잠자리에 들었고 실버와 후터, 콜리만 한쪽 구석에서 등불을 켜고 이야기를 나누고 있었다. 나는 갑자기 졸음이 쏟아졌다.

"짐, 위험해!"

리브시 선생이 짐을 향해 손을 뻗었다. 하지만 짐은 그 손을 잡지 못했다.

"아, 아악."

짐은 비명을 지르며 절벽 아래로 떨어졌다.

"안 돼!"

나는 소리를 질렀다. 하지만 어느 누구도 내 목소리를 듣지 못했다.

짐과 그 일행들은 섬 반

대편에 있는 깎아지른 듯한 절벽을 오르고 있었다.

"의사 선생, 내가 가 보겠소."

장교복을 입은 군인이 밧줄을 타고 재빨리 아래로 내려갔다.

"고맙소, 캐롤 경"

캐롤 경의 몸놀림은 날다람쥐 같았다. 험한 바위를 순식간에 타고 내려가서 짐이 떨어진 곳에 도착했다.

"오, 이런! 짐, 움직이지 말고 그대로 있어라."

짐은 다행히 옷이 나뭇가지에 걸려 목숨을 건질 수 있었지만 나무에 긁혀 여기저기에서 피가 흐르고 있었다. 캐롤 경은 짐을 자기 몸에 묶었다. 그리고 다시 밧줄을 잡고 가뿐하게 절벽을 올랐다.

절벽을 타고 보물섬에 오른 사람은 모두 일곱 명이었다. 짐과 리브시 선생, 트렐로니 씨, 캐롤 경과 그의 부하 세 명이었다.

짐의 일행은 등불을 켜고 지도에 표시된 곳을 찾아 땅을 파서 순식간에 보물 상자를 꺼냈다. 뚜껑을 열어 보니 상자 안에 든 것은 또 다른 보물 지도였다.

그들은 재빨리 보물 지도에 씌인 글을 해석했다. 그 보물 지도는 우리가 가진 것과 같았다. 명석한 두뇌를 가진 리브시 선생이 삼각형의 무게 중심을 찾았다.

리브시 선생은 섬의 중앙에 높이 솟은 고원을 바라보았다. 그러고는 나를 향해 환하게 웃었다. 나는 깜짝 놀라 잠에서 깼다.

"이랑, 아침 먹어라. 넌 매일 무슨 꿈을 그렇게 꾸냐. 네가 비명을 지르는 바람에 평소보다 일찍 깼잖아."

피터가 잠이 덜 깬 나에게 고기 수프를 건넸다.

'아, 꿈이었구나!'

이곳에서 꾼 꿈들은 마치 진짜 현실 같았다.

수프를 금세 먹어 치우고 나는 실버를 찾았다.

"여기서 포기할 수는 없는데 말이야."

"물론이지. 플린트가 숨겨 놓은 보물만 찾는다면 우리는 죽을 때까지 일하지 않아도 될 거야."

실버는 후터, 콜리와 이야기를 나누고 있었다.

"럼주도 이게 마지막이야."

실버는 럼주를 한 모금 들이키고 콜리에게 건넸다.

"실버, 삼각형의 무게 중심을 어떻게 구하는지 알아냈어요."

"뭐? 네가 그걸 알아냈다고?"

실버는 얼른 설명을 해 보라고 재촉했다. 난 종이에 어제밤에 풀었던 방법을 써 보여 주었다. 셋은 모두 고개를 끄덕였다.

"이랑의 말이 맞을 것 같아. 이 방법으로 보물이 숨겨진 곳을 찾아보도록 하지."

후터가 칸을 불러 다시 작도를 부탁했다. 칸은 실을 두 겹으로 만든 후 양쪽을 묶어 컴퍼스처럼 사용했다. 난 각 선분의 중심과 마주보는 꼭짓점을 모두 연결했다.

"이 두 점 사이에 보물이 있을 거야."

칸은 섬의 남서쪽과 북동쪽에 삼각형의 무게 중심을 하나씩 표시한 종이를 들어 올렸다.

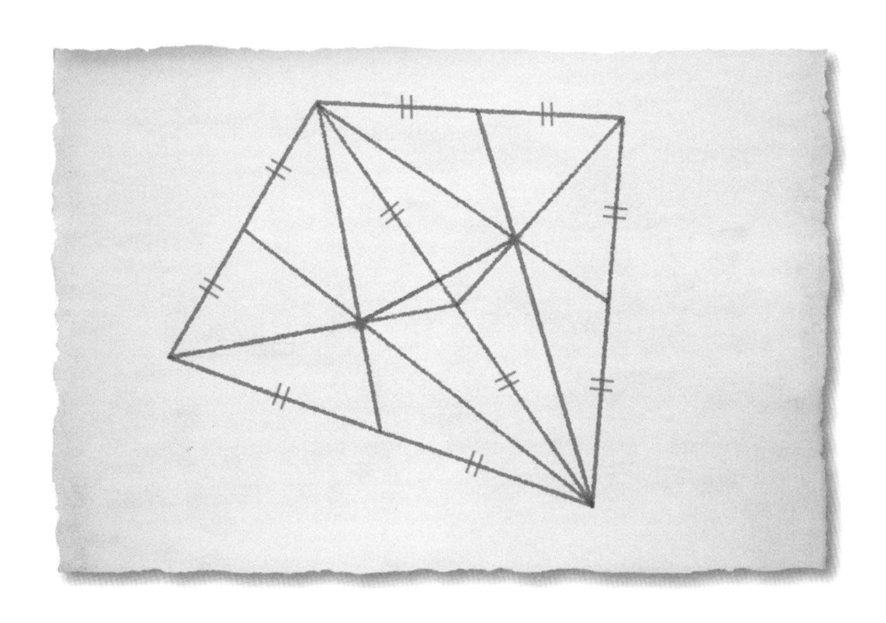

"야, 드디어 보물을 찾을 수 있어!"

"좋아. 이제 연장을 챙겨서 표시된 곳으로 이동한다."

실버가 들뜬 목소리로 소리쳤다.

해적들은 돌로 만든 연장들을 챙겨서 길을 나섰다. 그런데 갑자기 꿈속에서 리브시 선생이 고원을 바라보던 모습이 떠올랐다. 난 실버가 들고 있는 지도를 흘끗 바라보았다. 내 예상이 맞는다면 우리가 찾은 두 점의 사이에는 높은 고원이 버티고 있을 것이다.

해적들의 발걸음이 빨라졌다. 남서쪽의 무게 중심은 우리가 있던 곳과 가까워서 금방 도착했다. 그곳에는 커다란 소나무가 한 그루 서 있었는데 그 나무에는 플린트가 남긴 흔적이 있었다.

"붉은 띠가 묶여 있는 이 나무가 무게 중심인 것 같군."

"실버, 여길 봐! 플린트의 이름이 적혀 있어."

칸이 나무에 묶인 붉은 띠를 풀려고 했다.

"가만 둬, 칸! 어쩌면 그 띠가 그곳에 묶여 있는 이유가 있을지도 몰라."

실버의 판단은 날카로웠다. 사실 평면으로 된 지도에서 찾을 수 있는 건 방향뿐이었다.

"실버, 여기와 반대편 무게 중심 사이를 저게 막고 있는 것 같군."

후터가 고원을 가리켰다.

후터의 말에 실버의 표정이 굳어졌다. 하지만 이내 표정을 바꾸고 입을 열었다.

"괜찮아. 저런 흙덩어리쯤은 며칠만 고생하면 뚫을 수 있어."

"저 정도 높이의 고원을 뚫으려면 한 달은 족히 고생해야 할 거야."

"양쪽에서 뚫으면 더 빠르지 않겠어?"

"음, 그것도 좋은 생각이군. 어차피 이렇게 많은 인원이 동시에 한쪽을 팔 수는 없을 테니까."

실버의 생각은 나쁘지 않았지만 양쪽에서 직선으로 동굴을 파서 만난다는 것은 생각처럼 쉬운 일이 아니었다. 만일 조금만 빗나가더라도 서로 만나지 못하고 굴을 다시 파야 할 게 분명하다. 어쩌면 영영 보물을 찾지 못할지도 모른다.

"그럼 일단 고원에 올라가서 반대편에 있는 무게 중심을 찾자! 두 무게 중심을 잇는 직선을 찾아야 하니까."

실버의 말에 모두 고원으로 향했다. 로이킨이 앞장섰고, 칸과 실버, 후터, 콜리는 천천히 뒤따랐다. 그때 동쪽 방향에서 인기척이 느껴졌다. 사람이 분명했다. 혹시 짐이 온 것일까?

탕!

앞쪽에서 총성이 들리더니 누군가 쓰러졌다.

"로이킨, 정신 차려!"

칸이 외쳤다.

"로이킨, 로이킨!"

칸이 로이킨을 안아 흔들었지만 로이킨은 더 이상 숨을 쉬지 않았다.

탕!

다시 총성이 울렸다. 이번에는 내 옆에 있던 피터가 쓰러졌다.

총알이 날아온 방향은 서쪽이었다. 피터의 다리에서 피가 흘렀지만 다행히 총알이 종아리를 스쳐 크게 다치지는 않았다. 후터가 능숙하게 피터의 다리를 싸매어 지혈을 했다. 숨을 죽이고 바닥에 넙죽 엎드리니 총소리도 멈추었다. 하지만 공격이 끝난 것은 아니었다. 숲에서 서너 명의 사람들이 다가오는 발소리가 들렸다. 난 무서워서 고개를 들 수 없었다. 고개를 들면 총알이 내 머리를 관통할 것 같았다. 실버는 돌을 쪼개어 손에 쥐기 좋게 만들었다. 다른 해적들도 저마다 무기가 될 만한 것들을 준비하고 있었다. 적들은 우리에게 총이 없다는 것을 알고 있는지 점점 빠르게 다가왔다.

난 숨을 죽이고 죽은 듯이 바닥에 엎드려 있었다. 발자국 소리가 내 쪽으로 가까워지자 심장은 더 빠르게 뛰었다. 잠시 뒤, 내 앞에서 발자국 소리가 멈추었다. 나는 누군가가 나에게 총부리를 겨누고 있다는 것을 알았다. 이제 끝인가?

쿵!

갑자기 내게 총부리를 겨누던 사람이 쓰러졌다. 총알은 내 머리가 아니라 땅속에 박혔다. 고개를 들어 쓰러진 사람을 보니 그는 군복을 입고 있었다. 그 사람의 이마와 목에 날카로운 돌이 깊숙이 박혀 피가 흐르고 있었다. 내 눈 앞에는 실버가 서 있었다. 그런데 죽은 사람이 입고 있는 옷이 낯익었다. 설마…….

죽은 사람은 바로 어젯밤 꿈에서 캐롤 경과 함께 절벽을 오른

군인이었다.

실버는 재빨리 총을 집어 들고는 죽은 군인의 몸을 뒤져서 총알을 챙겼다. 실버는 총에 총알을 장전하고 수풀 쪽을 향해 발사했다. 그러자 숲 속에서 다가오던 사람들이 뒤로 후퇴하더니 한동안 적막이 흘렀다.

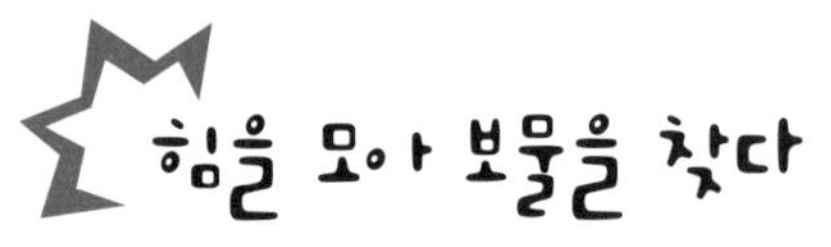

나는 어젯밤 꿈을 떠올려 보았다. 이제 짐의 일행은 다섯 명이, 우리는 열다섯 명이 남았다. 짐의 일행은 총이 있어도 사람 수가 적어 함부로 공격하지 못할 거다. 우리 쪽도 사람 수는 많지만 총이 한 자루밖에 없기 때문에 먼저 공격할 수 있는 상황이 아니었다.

주위는 너무나 조용해서 도마뱀이 풀잎을 지나가는 소리도 들릴 정도였다. 두근거리던 심장이 진정되자 건너편에서 인기척이 느껴졌다.

"누군가 백기를 들고 오고 있어."

망을 보고 있던 재키가 소리쳤다.

수풀 속에서 모습을 드러낸 사람은 리브시 선생이었다.

리브시 선생은 백기를 들고 우리 앞에 서 있었다.

"이봐, 실버!"

"왜 그러시오, 의사 선생?"

"우리 잠시 휴전하는 게 어떤가?

"총을 먼저 겨누고는 이제 와서 그런 말을 하는 건 좀 웃기지 않나?"

"우리를 도와서 이곳에 온 캐롤 경은 해적을 소탕하는 게 목적이라서 어쩔 수 없었네."

"그럼, 둘 중 하나가 죽어야 결판이 나겠군."

실버가 리브시 선생을 매섭게 노려보았다.

"난 그렇게 생각하지 않아. 물론 트렐로니 씨나 짐도 나와 같은 생각이야."

"그럼 어쩌자는 거요?"

"우리 쪽이 원하는 건 휴전보다 더 큰 걸세."

"휴전보다 더 큰 거?"

"보물을 함께 찾아서 나누자는 말일세. 캐롤 경도 간신히 설득했네."

실버는 리브시 선생의 말에 잠시 고민했다.

"머릿수대로 나누자는 거요?"

"그야 당연하지. 플린트의 보물은 우리 모두가 죽을 때까지 써도 남을 테니까."

"일단 동료들과 상의해 보겠소. 결정 나면 연락하지."

"그런데 짐이 말한 아이가 바로 저 아이인가?"

리브시 선생이 나를 보았다. 리브시 선생는 나를 처음 보았겠지만 난 꿈속에서 여러 번 봤기 때문에 그의 얼굴이 낯익었다.

"처음엔 이 아이가 플린트의 첩자라고 의심했소. 하지만 지금껏 한 행동을 보면 플린트의 첩자는 아닌 것 같고, 잘 키우면 멋진 해적이 될 놈이오."

실버의 말은 의외였다. 나를 자기의 후계자쯤으로 생각하는 듯했다.

"네가 이랑이니?"

"안녕하세요, 리브시 선생님."

"내 이름을 정확하게 알고 있구나. 짐이 네가 보고 싶다는데, 나와 함께 가지 않겠니?"

"의사 선생, 그건 이 아이가 결정할 일이 아니오. 어쨌든 이 애는 우리의 포로이고 우리에게도 꼭 필요한 존재니까."

실버의 목소리는 단호했다.

"알겠네. 우리는 고원 뒤쪽에 있네. 좋은 소식을 기다리겠네."

리브시 선생이 돌아가고 해적들은 막사로 돌아와 한참 이야기를 나누었지만 쉽게 결정을 내리지 못하는 듯했다. 리브시 선생이 함께 보물을 찾자고 하는 의도도 의심스럽고 캐롤 경을 비롯한 군인들이 있다는 것도 꺼림칙했다.

그날 밤, 한동안 괜찮았던 폴이 갑자기 고열로 자리에서 일어나지 못했다. 박쥐에게 물린 상처가 완전히 치료되지 않았던 것이다. 폴은 더듬거리며 헛소리를 했다.

"실버, 의사 선생을 부르는 게 어떤가?"

"이미 늦은 건 아닐까?"

"리브시 선생의 실력은 모두 알고 있잖아."

후터의 말에 잠시 고민하던 실버는 리브시 선생이 두고 간 백기를 들고 혼자 적진을 향했다. 외다리였지만 실버는 험한 지형을 멀쩡한 사람보다 더 빨리 걸었다.

실버가 떠난 뒤, 폴의 상태는 더욱 심각해졌다. 얼굴이 온통 땀으로 범벅이 되었고 침을 줄줄 흘렸다.

한 시간쯤 뒤 실버는 리브시 선생과 함께 나타났다. 막사에 들어온 리브시 선생은 먼저 폴의 혈압을 측정했다. 혈압은 매우 낮았다.

"상태가 매우 심각해. 흡혈박쥐에 물렸다면 바이러스에 감염되었을 확률이 높아."

리브시 선생은 흡혈박쥐에 대해서 알고 있었다.

"그럼, 폴을 살릴 수 없다는 말이오?"

"장담할 수 없네."

폴은 고통이 점점 심해지는지 비명을 지르며 몸을 뒤틀었다.

"이럴 때 진통제라도 있다면……."

그 순간, 얼마 전 동굴에서 벌레에 물린 기억이 떠올랐다. 그 벌레가 다리를 물자 아무런 감각이 없고 마취제를 맞은 느낌이 들었다. 잘하면 그 벌레를 이용해서 진통제 효과를 낼 수 있을 것 같았다.

나는 두려움을 누르고 동굴 앞에 도착했다. 하지만 도저히 동굴 안으로 들어갈 용기가 나지 않았다. 그때 입구에서 기어 나온 벌레를 보았다. 많지는 않았지만 몇 마리를 잡아 막사로 돌아오니 폴은 거의 정신을 잃기 직전이었다.

"리브시 선생님, 얼마 전에 이 벌레에게 물렸는데 물린 부분이 마취를 한 것처럼 아픈 느낌이 사라졌어요."

"음, 그렇다면 한번 시도해 보자꾸나."

리브시 선생은 벌레를 잡아서 폴의 목과 등, 팔다리에 한두 마리씩 붙였다. 마치 벌침을 놓는 것 같았다. 벌레가 피를 빨기 시작하자 폴은 더 이상 고통에 몸을 뒤틀지 않았다. 그리고 소리도 지르지 않았다.

"이제 벌레를 떼도 되겠어."

리브시 선생은 벌레를 하나씩 떼어 냈다. 그러자 그 자리에서 피가 조금 흐르더니 곧바로 굳어 딱지가 되었다. 폴의 얼굴은 평안해 보였다.

"일단 이 약이라도 먹여 봐야겠어."

리브시 선생은 준비해 온 약을 폴에게 먹이고 몇 가지 치료를 더 했다. 어느새 폴은 잠이 들었다.

"내일 오후나 돼야 깰 걸세. 이제 괜찮을 테니 걱정 말게 ."

리브시 선생은 피터의 다리도 치료해 주고 구급상자를 챙겨 일어났다.

"고맙소, 의사 선생."

"환자를 살리는 게 내 일이네. 그리고 의견이 모아지면 내일까지 연락을 주게나, 실버."

"알겠소. 폴이 깨어나면 우리 의사를 전하러 가겠소."

리브시 선생는 구급상자를 들고 어둠 속으로 사라졌다.

다음 날 오후가 되자 리브시 선생의 말대로 폴이 깨어났다. 말을 더듬던 증상도 제법 좋아졌다.

점심을 먹고 난 해적들은 막사에 들어가 다시 회의를 열었다.

막사에서 가장 먼저 나온 사람은 실버였다.

"의사 선생에게 다녀올 테니 장비들을 점검해 두도록 해."

해적들은 장비를 점검하고 잠시 낮잠을 청했다. 나른하고 한가한 오후였다. 나는 나무 그늘에 앉았는데 나무 둥치 근처에 돌돌 말린 종이가 하나 놓여 있었다. 종이를 펼쳐 보니 아리송한 퀴즈가 적혀 있었다.

〈키드의 모자〉

선장은 부하들에게 자기를 배신한 찰리, 앤비, 로네, 존, 모리앤을 끌고 오라고 했다. 그리고 그들에게 다섯 개의 모자를 보여 주었다.

모자의 색은 빨강 2개, 노랑 2개, 파랑 1개였다.

배신자들의 눈을 모두 가린 후 모자를 하나씩 씌웠는데, 모두 자기가 쓴 모자의 색을 알 수 없었다.

찰리는 나무판 앞에 서게 하고 나머지 네 사람은 나무판을 바라보며 일렬로 서게 했다. 그들은 서로 얘기를 나눌 수도 없고 뒤를 돌아볼 수도 없었다.

문제를 읽는 사람은 누가 어떤 모자를 썼는지 알고 있지만 문제 속의 사람들은 자기 모자를 볼 수 없었다.

일단 찰리는 확실히 아니다. 왜냐하면 다른 해적들을 볼 수도 없고 자기 모자를 볼 수도 없기 때문이다. 앤비도 찰리와 마찬가지로 나무판만 볼 수 있을 뿐 다른 사람들의 모자를 볼 수 없다. 그럼 남은 사람은 로네, 존, 모리앤, 이렇게 셋뿐이다. 음, 답은 가장 많은 모자를 볼 수 있는 모리앤이 아닐까?

어제 잠을 설쳐서인지 졸음이 밀려왔다.

"큐릭, 큐릭……."

누군가 나를 흔들어 깨웠다.

"큐릭, 이렇게 한가하게 자고 있을 때가 아니야."

내 눈앞에 낯선 해적이 서 있었다.

"큐릭이라고요? 전 이랑인데요?"

낯선 해적은 내 목에 걸린 목걸이 펜던트를 손으로 잡아챘다. 그러고는 자기의 목에 있는 것과 짝을 맞추었다. 놀랍게도 두 개가 정확하게 맞아 떨어졌다.

"왜 이래요? 난 큐릭이 아니라 이랑이라고요!"

난 낯선 해적의 손을 뿌리쳤다.

눈을 뜨니 식은땀으로 온몸이 젖어 있었다.

'큐릭이라고? 난 이랑인데……. 그 기분 나쁜 해적은 누구지?'

난 정신을 가다듬고 목걸이를 확인했다. 이 목걸이는 내가 보물섬에 올 때부터 목에 걸고 있었다.

"이랑!"

짐의 목소리가 들렸다.

"짐!"

우리는 서로 얼싸안고 기뻐했다. 짐과 이런저런 이야기를 나누고 싶었지만 보물을 빨리 찾아야 했기 때문에 그럴 만한 여유가 없었다.

보물을 찾기 위한 협상은 순조로웠다. 플린트의 보물은 처음에 말한 것처럼 사람 수로 나누기로 했다. 그리고 죽은 자의 몫은 그들이 잠든 바다에 뿌리기로 했다. 이제 남은 일은 보물을 막고 있는 장애물을 제거하는 것뿐이다.

양쪽 대표들이 막사에서 어떻게 보물을 캘 것인지 회의를 했다. 짐과 나도 그 사람들 사이에 끼어 있었다.

먼저 양쪽의 보물지도를 비교해 보았다. 두 지도는 마치 쌍둥이처럼 똑같았다. 지도에 그려져 있는 삼각형도 똑같고 양측에서 찾은 두 삼각형의 무게 중심도 같은 위치에 있었다.

"쉽지 않겠어."

후터의 표정이 좋지 않았다.

"그냥 여기부터 쭉 파 나가면 되는 거 아냐? 양쪽에서 파 와도 되고 말이야."

피터가 돌로 만든 곡괭이를 들어 보였다.

피터의 말대로 할 수 있는 일은 땅을 파는 것뿐이다. 하지만 그것도 쉬운 일이 아니다. 양쪽에서 동시에 파고 들어가려면 정확한 높이를 알아야 하기 때문이다. 그리고 리브시 선생의 말에 따르면 북동쪽의 무게 중심에는 높이를 알 수 있는 단서가 하나도 없다고 했다.

'두 점의 위치와 한쪽의 높이를 알고 있을 때 반대편에 있는 점을 같은 높이로 맞추려면 어떻게 해야 할까? 또 두 점 사이에 커다란 장애물이 있어서 직선으로 이을 수 없는 상태라면…….

그때 트렐로니 씨가 끼어들었다.

"북동쪽의 높이를 알아내는 동안 남서쪽에서 먼저 파고 들어가면 어떨까?"

"그것도 좋겠군."

우리는 일단 트렐로니 씨의 말대로 하기로 했다.

저녁을 먹은 뒤에 나는 짐과 그동안 있었던 일에 대해 이야기를 나누었다. 짐이 말할 때마다 난 깜짝 놀랐다. 신기하게도 짐의 이야기가 내가 꿈에서 보았던 장면과 똑같았기 때문이다.

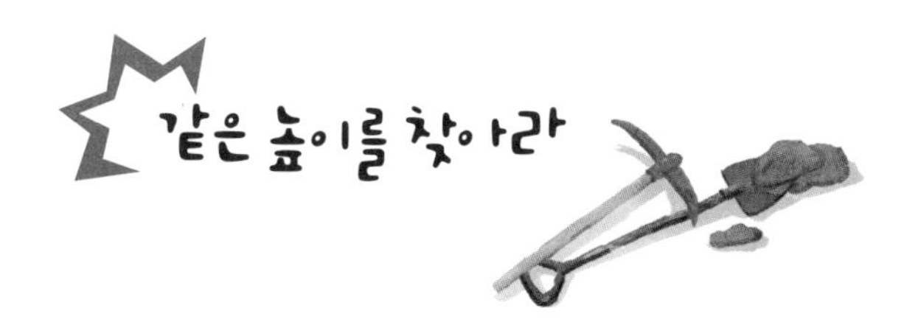

다음 날 아침, 사람들은 서둘러 장비를 챙겨 남서쪽의 붉은 띠가 있는 나무로 향했다. 그리 멀지 않은 곳이라 금세 도착했다.

"파슬란과 얀센 그리고 재키는 고원으로 가고 칸과 빅터는 북동쪽의 무게 중심이 있는 위치에 이 깃발을 꽂아."

실버의 명령이 떨어지자 넷은 날다람쥐처럼 재빠르게 움직였다. 그들은 각자의 위치를 이용해서 직선 방향을 찾았다.

우선 파슬란, 얀센, 재키는 평지에 서 있었다. 파슬란은 얀센과 재키가 같은 직선 위에 있도록 얀센을 움직이게 했다. 그리고 양쪽 끝에 있는 파슬란과 재키는 자기 앞에 보이는 고원과 직선상의 거리에 있도록 움직였다.

해적들은 수학을 배우지 않았지만 생활 속에서 높은 수준의 수학 능력을 자연스럽게 익힌 것 같았다. 하지만 여전히 양쪽의 높이가 똑같도록 남서쪽에서 죽 파고 들어가더라도 정확하게 수평으로 파지 않으면 서로 빗겨 갈 수도 있었다.

"음, 방향은 잡았는데 이제 높이가 문제군."

리브시 선생은 나무에 묶여 있는 붉은 띠를 바라보았다.

"일단, 높이를 맞추는 방법을 찾을 때까지 굴을 파면 어때?"

"나중에 높이를 알고 나서 수정하자는 말인가, 실버?"

실버는 고개를 끄덕였다.

그렇게 해서 드디어 굴 파기가 시작되었다.

짐과 나는 사람들에게 물과 음식 나르는 일을 맡았다. 섬에서 물을 구할 수 있는 곳은 우리가 처음 갇혔던 우물뿐이었다. 왠지 꺼림칙했지만 물을 구하기 위해서는 다시 그곳으로 내려가야 했다. 빗물로는 부족했다.

"이랑, 어서 가자."

"그래."

"이런 섬에 우물이 있다는 게 신기해."

짐은 우물을 보고 놀라워했다.

"얼른 물을 떠서 올라가자. 이곳은 안전하지 않아."

난 다시 흡혈박쥐가 나타날까 봐 가슴이 조마조마했다.

"여기가 좋겠어."

짐은 맑은 물이 나오는 샘을 발견했다. 짐과 나는 물통에 물을 가득 담았다. 물은 큰 우물을 가득 채우고 돌 틈 사이로 흘러 들어가 바다로 갔다. 나는 그 틈을 바라보다가 미소를 지었다. 밑이 깔때기처럼 뚫린 돌에 물이 들어왔다 나갔다가 하는데, 주변의 물과 항상 높이가 같았다. 짐의 눈길도 그곳에 머물렀다.

"짐, 이거 신기하지 않니?"

"응. 주위 물과 항상 높이가 같아."

"그럼, 물은 이어져 있으면 항상 높이가 같다는 말이네?"

"그렇지."

"그럼 이걸 이용하면……."

나와 짐이 발견한 사실은 보물을 찾는 데 아주 중요한 단서가 될지도 모른다. 우리는 물통을 들고 서둘러 고원으로 돌아왔다. 그리고 양쪽 무게 중심에 꽂혀 있는 깃발을 바라보았다.

"양쪽을 물로 잇는다면 같은 높이를 찾을 수 있어!"

"맞아!"

짐이 내 말에 맞장구를 쳤다.

"그런데 어떻게 양쪽을 물로 연결하지?"

"갈대를 이용하면 어떨까? 섬 북쪽에 갈대가 많이 있던데……."

나는 짐과 함께 갈대숲으로 갔다. 숲에 도착하니 끝이 하늘과 맞닿을 정도로 긴 갈대들이 빼곡히 자라 있었다.

나는 짐과 갈대를 몇 개 꺾어 미리 준비해 온 송진을 묻혀 틈이 생기지 않도록 이었다. 우리는 갈대 대롱 안에 물을 넣고 양

끝을 들었다. 예상했던 대로 갈대 양끝으로 보이는 물의 높이가 서로 같았다. 갈대를 휘어도 물의 높이는 항상 같았다.

"바로 이거야."

나와 짐은 동시에 소리쳤다. 우리는 갈대를 한 아름 꺾어 땅을 파고 있는 곳으로 갔다.

"리브시 선생님!"

"그래, 짐."

"저희가 같은 높이를 알 수 있는 방법을 찾았어요."

짐이 갈대를 들어 보였다.

"그 갈대로 말이냐?"

리브시 선생은 고개를 갸우뚱거렸다.

"여길 보세요."

난 짐과 함께 송진으로 연결한 갈대에 물을 넣어서 보여 주었다. 다들 놀란 표정을 지었다.

"그런데 이 먼 거리를 갈대가 버틸 수 있을까?"

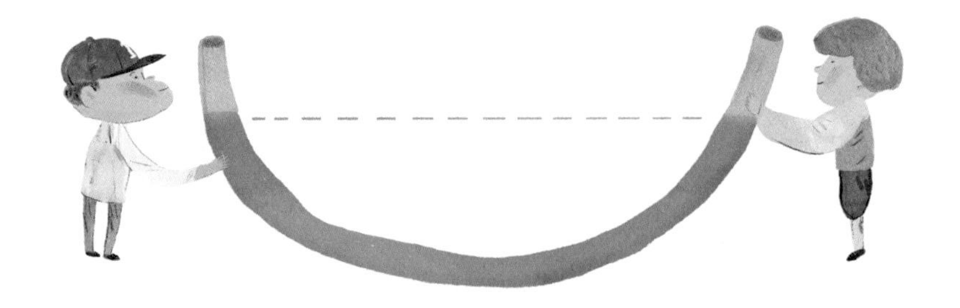

실버가 걱정스러워했다.

"송진으로 연결하면 되지 않을까요? 저희가 갈대숲에서 실험해 보았는데 갈대의 모양이 변해도 물의 높이는 항상 같았어요."

"맞아요. 매번 결과가 같았어요."

"그렇다면 갈대를 이어 고원 둘레를 빙 두르면 되겠구나. 밑에 돌이나 나무를 받쳐도 되고 말이다."

칸은 머릿속으로 벌써 설계도를 그렸는지 상세한 부분까지 설명했다.

"그럼, 더 고민할 필요가 없겠군. 당장 움직이자."

리브시 선생의 말이 떨어지자 각자 할 일을 나누었다. 나와 짐을 포함한 열 명은 갈대숲으로 향했고 나머지는 송진을 구하러 갔다.

갈대숲에 도착한 피터는 갈대를 안아 단숨에 뽑았다. 칸과 재키는 갈대를 엮어서 갈대를 운반할 썰매를 만들었다. 다른 해적들도 같은 방법으로 썰매를 만들었다. 순식간에 많은 갈대를 나를 수 있었다.

갈대와 송진이 모두 준비되자 갈대를 연결하는 작업을 했다. 다른 사람들이 갈대를 잇는 사이에 나와 짐은 물을 날랐다. 갈대로 만든 썰매를 이용하니 물도 쉽고 빠르게 나를 수 있었다.

노을이 드리울 무렵, 갈대로 만든 긴 대롱이 드디어 완성되었다. 고원의 절벽을 길게 두른 갈대 대롱의 모습은 마치 중절모자에 털실 한 줄을 감아 놓은 것 같았다.

“짐, 어서 물을 가져오너라.”

“알았어요, 피터.”

피터는 긴 관의 한쪽 끝을 플린트가 묶어 놓은 붉은 띠와 높이를 맞추어 칡넝쿨로 고정시켰다. 나는 그 모습을 지켜보며 서 있었다. 건너편에는 트렐로니 씨와 칸, 얀센이 기다리고 있었다. 거리가 멀어서 목소리가 들리지 않았기 때문에 수신호를 이용했다.

이쪽에서 물을 붓는 순간에 반대쪽에서 갈대 끝을 높이 올리기로 약속했다. 이쪽보다 높이가 낮으면 물을 그냥 흘러 버릴 수도 있기 때문이다.

남서쪽에서 물을 부었다고 신호를 보냈다. 나와 짐은 북동쪽으로 달려갔다. 칸이 갈대 끝을 높이 들어 키 큰 나무에 고정시키고 있었다.

해가 뉘엿뉘엿 지고 있었다. 내일부터는 고원 양쪽에서 동시에 굴을 팔 것이다.

굴을 파다

나와 짐도 굴 파는 일에 동원되었다. 우리가 맡은 일은 북동쪽에서 파낸 흙을 나르는 일이었다. 나와 짐 외에도 피터, 재키, 칸, 얀센, 트렐로니 씨, 캐롤 경이 함께했다.

"자, 어서 시작하자고!"

피터가 환한 얼굴로 말했다.

"잠깐만! 무작정 파서 될 일이 아니야. 높이를 알았으니 방향을 맞추고 일을 시작해야지."

캐롤 경은 긴 나무 막대 두 개를 들고 와서 막대 하나를 땅에 박은 후에 갈대로 찾은 높이를 표시했다. 그리고 열 걸음 정도 떨어진 곳에 반대편 무게 중심의 직선 방향과 일치하도록 나머지 막대를 박았다.

"두 번째 막대의 높이는 어떻게 맞추나, 캐롤 경? 이렇게 물이 빠져 버렸는데……."

얀센이 어제 사용했던 갈대를 들어 보였다.

"그야 이렇게 하면 되지."

캐롤 경은 얀센이 들고 있던 갈대를 조금 잘라 다시 물을 채웠다. 그리고 갈대와 같은 높이를 찾아 표시했다.

"아, 짧은 거리에서도 갈대를 이용할 수 있군."

이제 두 개의 막대가 나란한지 뒤를 돌아보며 확인하면 직선으로 굴을 팔 수 있었다.

"이제 시작하면 될걸세."

쾅, 쾅, 쾅.

곡괭이로 돌 벽을 내리치는 소리가 경쾌하게 들렸다.

"이쪽은 흙이 부드러워 파기 쉽겠어."

재키가 흥이 나는지 어깨를 들썩였다.

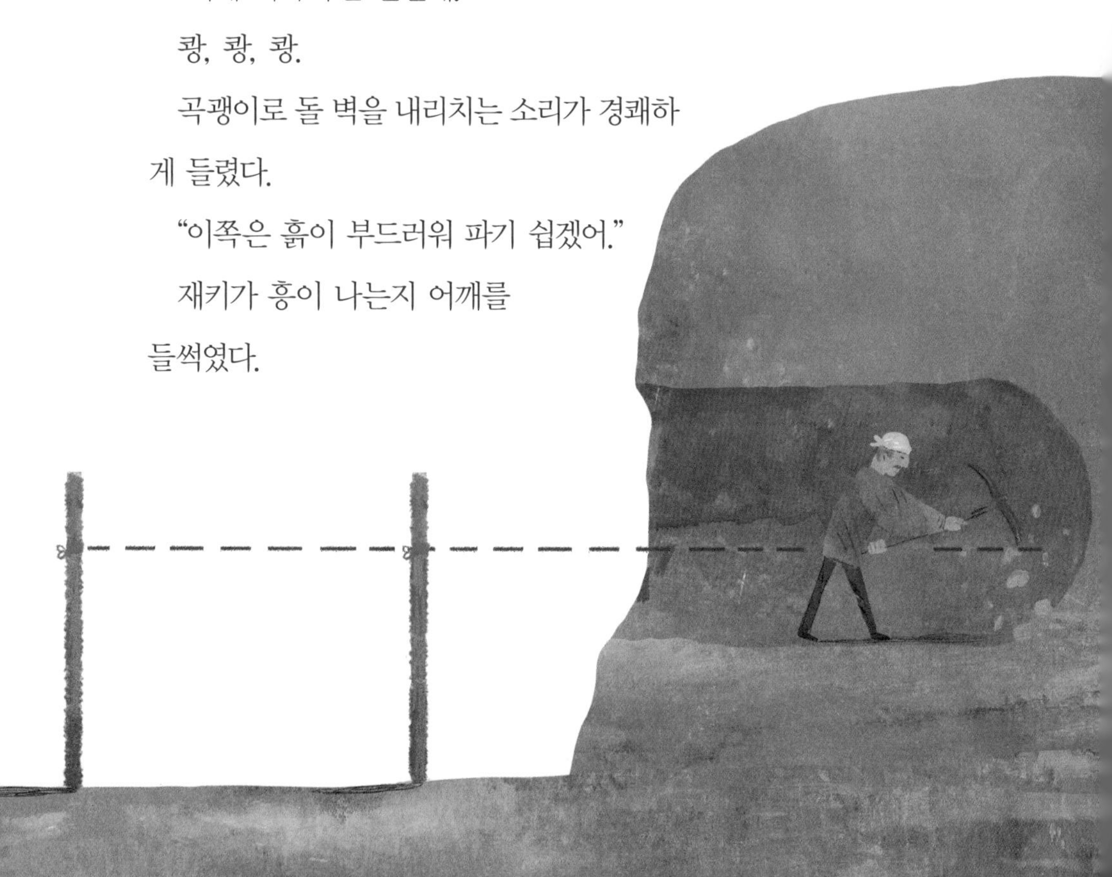

한나절이 지나자 파 놓은 곳이 제법 동굴처럼 보였다. 평소 이런 일을 해 보지 않았던 트렐로니 씨는 시간이 갈수록 곡괭이를 들어 올리는 횟수가 눈에 띄게 줄어들었다. 아무리 흙이 무르더라도 굴을 파는 일은 쉽지 않았다.

점심을 먹은 뒤, 칸과 얀센이 칼을 들고 숲으로 갔다. 그러고는 순식간에 수레 두 개를 만들었다. 팔뚝만 한 나무들을 칡넝쿨로 단단히 엮어 튼튼하게 만들었는데 수레의 안쪽에는 넓은 잎을 깔아서 흙이 쉽게 떨어지지 않도록 했다. 수레 덕분에 흙을 나르는 속도가 훨씬 빨라졌고 힘도 덜 들었다.

사흘 만에 동굴을 꽤 깊이 팔 수 있었다.

쾅, 쾅, 쾅.

점심 먹는 시간을 제외하고 사람들은 계속 곡괭이질을 했다.

쾅, 쾅…… 깡!

곡괭이가 단단한 돌에 부딪히는 소리가 났다.

"이런!"

피터가 곡괭이질을 멈추었다. 사람들은 피터가 있는 곳으로 모여들었다. 피터의 곡괭이가 산산조각 나 있었다.

"이건 바위잖아?"

커다란 바위가 눈앞에 버티고 있었다.

"돌 곡괭이로는 이 바위를 깰 수 없어."

피터를 비롯한 모두의 표정이 어두워졌다.

"그럼 어떻게 해야 하지?"

"음, 방향을 틀어서 바위를 돌아가면 어때요?"

짐이 말했다. 하지만 바위를 돌아서 다시 같은 높이로 동굴을 파는 일은 쉽지 않았다.

"그게 가능할까? 그러다가 만약 방향을 잘못 잡으면 지금까지 한 일이 헛수고가 될 거야."

얀센이 고개를 내저었다.

"일단 해가 질 때까지 다른 방법을 찾아보도록 하지."

"맞아. 지금은 어차피 바위 때문에 굴을 팔 수도 없으니까."

트렐로니 씨가 캐롤 경의 말에 맞장구를 쳤다.

모두 동굴 밖으로 나와 나무 그늘에 앉았다. 피터와 재키는 나무 열매라도 따 오겠다며 숲으로 갔고, 나머지 사람들은 바위를 돌아서 가는 방법을 고민했다.

난 짐과 나란히 앉았다.

"높이는 갈대와 물을 이용하면 맞출 수 있겠지만……."

"방향이 문제야."

"방향도 갈대와 물로 찾을 수 없을까?"

"아, 뭔가 방법이 있을 것 같아."

갑자기 좋은 생각이 떠올랐다.

난 손가락으로 땅에 직선을 그었다. 그리고 위로 한 뼘 이동한 후 오른쪽 앞으로 한 뼘 전진 그리고 다시 아래로 한 뼘 이동하자 다시 직선 위로 돌아왔다.

"오, 이랑. 정말 좋은 생각이야. 옆으로 나간 만큼 돌아오기만 하면 항상 직선 위에 있겠구나."

짐이 말했다. 나는 흐뭇한 얼굴로 고개를 끄덕였다.

나와 짐은 다른 사람들을 불러 모았다.

"네 말대로라면 직각으로만 움직여야겠구나. 바위의 정확한 크기를 모르니 그렇게 하려면 많이 둘러 가게 되겠지?"

캐롤 경이 이의를 제기했다.

"아니요. 그냥 바위를 따라 파면 돼요. 우리가 파고 들어가는 동굴은 하나의 선이 아니라 두꺼운 통로이니까요."

"그게 무슨 소리냐, 짐?"

트렐로니 씨가 이해가 되지 않는다는 표정을 지었다.

짐은 그림을 그려 보여 주었다.

짐은 바위를 돌아 가는 통로를 그리고 통로 안에 직각으로 꺾인 선을 차례로 그었다. 꺾인 선들은 바위를 돌아 다시 직선 위로 돌아왔다. 돌아서 간 길이의 합과 바위가 없을 때 직선으로 간 길이의 합이 같았다.

A+B=C+D+E

선분PQ=F+G+H+I

“야, 어린 녀석들이 대단해!”

“정말 놀랍군. 어른들도 해결하지 못한 것을…….”

다음 날, 우리 팀은 바위를 둘러 굴을 팠다. 나와 짐은 높이와 방향을 찾는 일을 맡았다. 바위를 돌아서 굴을 파는 데는 정확히 이틀이 걸렸다. 왼쪽으로 이동한 거리가 4미터, 앞으로 이동한 거리가 3미터, 다시 위로 이동한 거리가 2미터였다. 굴을 파기 시작한 지 일주일이 되었다. 바위 때문에 하루가 늦어지긴 했지만 이제 끝이 보였다.

저녁을 먹고 잠자리에 들려는 순간에 짐이 보물 지도를 들고 찾아왔다.

“지도는 왜 가지고 왔어? 이제 보물은 찾은 거나 다름 없잖아.”

“그냥 좀 궁금한 게 있어서.”

"뭔데?"

"플린트가 '두 삼각형의 무게 중심, 커다란 사각형의 무게 중심'이라고 말했는데 우리는 지금 두 삼각형의 무게 중심으로만 보물을 찾고 있잖아. 어쩌면 사각형의 무게 중심이란 말이 더 중요할지도 모른다는 생각이 들어."

"음, 듣고 보니 그러네."

"지금까지 나는 두 삼각형의 무게 중심을 이은 직선 위에 사각형의 무게 중심이 있을 거라고 생각했는데 이젠 잘 모르겠어."

짐의 말은 충분히 일리가 있었다.

"짐, 혹시 이렇게 하면 어떨까?"

난 사각형의 대각선을 바꾸어 그렸다. 그러자 다른 삼각형이 두 개 생겼다.

"이 두 삼각형의 무게 중심을 찾아보자."

"좋아."

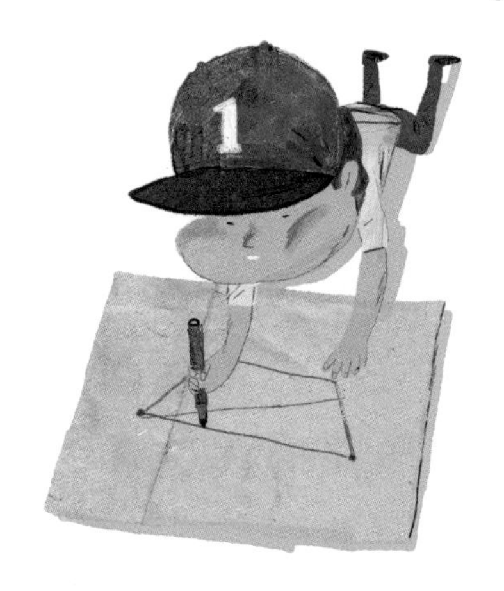

우리는 새로 생긴 삼각형의 무게 중심을 하나씩 찾아 두 무게 중심을 이어서 선분을 만들었다. 그러자 놀라운 일이 일어났다. 이전에 찾았던 두 무게 중심을 잇던 직선과 서로 교차한 것이다!

"짐, 혹시 이게 사각형의 진짜

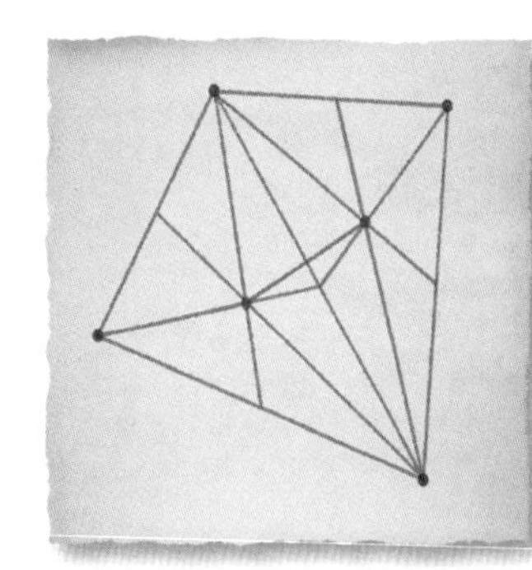 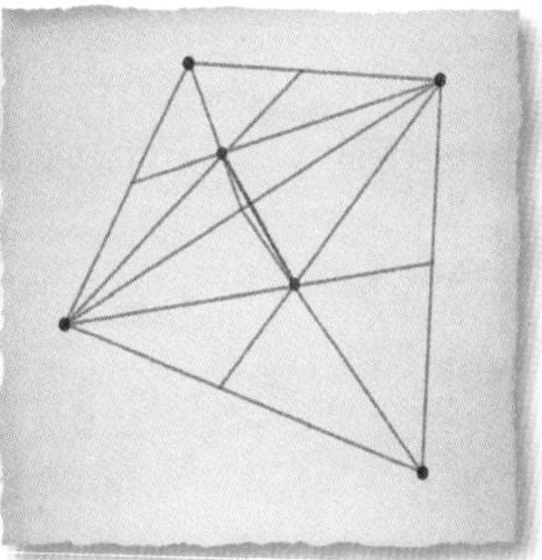 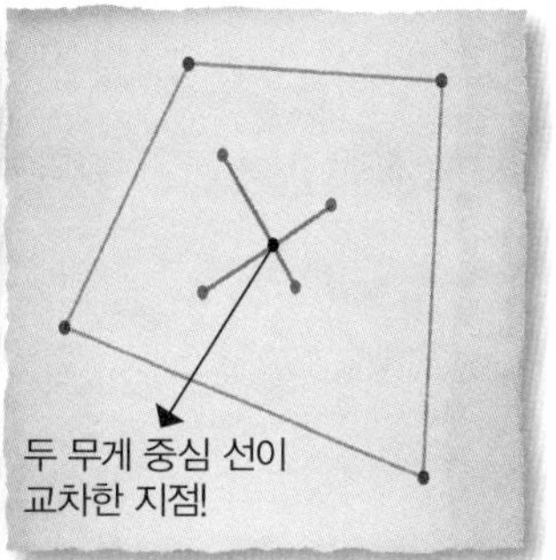

무게 중심이 아닐까?"

"이 점을 찾아 파면 훨씬 보물을 빨리 찾을 거야."

정말 짐의 말대로라면 아주 쉽게 보물을 찾았을지도 모른다. 평형을 맞출 필요도 없을 테고 양쪽에서 파고 들어가는 고생을 하지 않았을 것이다.

다음 날, 실버와 리브시 선생에게 이 사실을 전했다. 두 사람은 놀라워했다.

"그렇다면 보물은 여기쯤 있겠구나."

뒤이어 온 후터가 검지로 사각형의 무게 중심을 짚었다.

사각형의 무게 중심은 바위 바로 앞쪽이었다. 이제 조금만 더 파면 보물을 찾을 수 있다는 생각에 모두 기쁨을 감추지 못했다.

"자, 바위가 있는 쪽으로 가서 굴을 파도록 한다."

실버의 말에 여기저기서 환호가 터졌다.

"우아!"

"야호!"

한 사람이 바위 앞에서 굴을 팠고 다른 사람들은 일렬로 서서 흙을 날랐다. 교대해 가며 쉬지 않고 곡괭이질을 했다.

쾅, 쾅, 쾅, 쾅.

힘찬 곡괭이질 소리가 온 섬에 울렸다.

얼마쯤 팠을까? 곡괭이로 내리치는 소리가 좀 달랐다.

"찾았다!"

모두 기쁜 얼굴로 구멍을 넓게 팠다. 그러자 보물 상자가 모습을 드러났다. 보물 상자가 있는 곳은 마치 작은 방 같았다.

"이제야 보물이 우리 손에 들어왔어."

"실버를 따르길 잘했어."

얀센과 휘치가 한 마디씩 했다.

"아직 기뻐하기는 일러."

실버가 조용히 보물 상자를 살폈다.

"흠, 여기 뭔가 있군."

실버가 먼지를 털어 내자 보물 상자의 뚜껑이 드러났다. 날카로운 것으로 긁어서 새긴 글씨가 있었다.

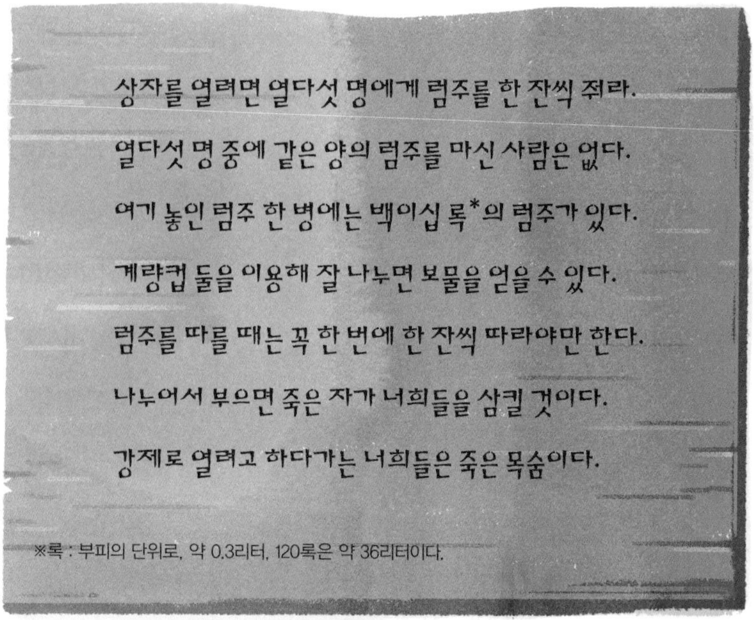

상자를 열려면 열다섯 명에게 럼주를 한 잔씩 줘라.

열다섯 명 중에 같은 양의 럼주를 마신 사람은 없다.

여기 놓인 럼주 한 병에는 백이십 록*의 럼주가 있다.

계량컵 둘을 이용해 잘 나누면 보물을 얻을 수 있다.

럼주를 따를 때는 꼭 한 번에 한 잔씩 따라야만 한다.

나누어서 부으면 죽은 자가 너희들을 삼킬 것이다.

강제로 열려고 하다가는 너희들은 죽은 목숨이다.

※록 : 부피의 단위로, 약 0.3리터, 120록은 약 36리터이다.

모든 문장이 스무 글자였다.

실버가 보물 상자의 뚜껑을 열자 커다란 럼주 한 병과 계량컵 두 개가 들어 있었다. 상자 뚜껑 뒷면에는 열다섯 개의 홈과 알 수 없는 선들이 이어져 있었다. 계량컵은 19록과 8록짜리였다.

"도대체 이게 무슨 소리야? 이러다간 보물을 영영 못 찾는 거 아냐?"

얀센이 두 손으로 머리를 감쌌다.

"플린트다워. 우리에게 쉽게 보물을 넘겨줄 리 없어."

리브시 선생은 찬찬히 상자의 문제를 살폈다.

나도 플린트의 문제를 들여다보았다. 한 문제처럼 보였지만 다시 읽어 보니 여러 문제가 섞여 있었다. 우선 열다섯 명의 사람들이 각각 얼마만큼의 양을 마셔야 하는지 알아내야 한다. 물론 그 양은 모두 달라야 한다. 또 19록과 8록의 계량컵으로 앞에서 찾은 양을 한 번에 부어야 한다. 마지막으로 비어 있는 각 잔의 자리에 얼마만큼의 럼주가 필요한지 알아내어야 문제를 완벽하게 풀 수 있었다.

"우선 120록의 럼주를 열다섯 명에게 나누어 주는 방법을 찾

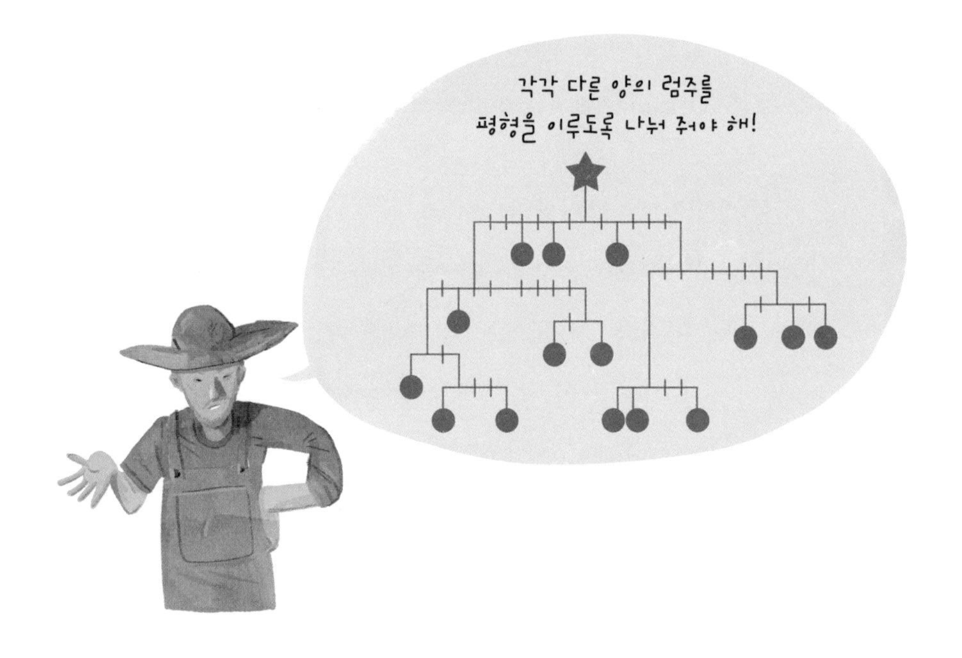

는 게 어때?"

칸이 말했다.

"그게 좋을 것 같군, 칸."

"실버, 팀을 나누어서 해결하는 것이 어떤가?"

"좋소, 리브시 선생."

리브시 선생의 지휘로 세 개의 팀이 나누어졌다.

"그럼 가장 먼저 해결해야 할, 열다섯 명의 사람들에게 각각 얼마만큼의 럼주를 줘야 하는가 하는 문제는 아이들에게 맡기지. 짐, 이랑, 할 수 있겠니?"

"물론이죠."

짐과 나는 동시에 대답했다.

"그리고 19록과 8록의 계량컵으로 만들 수 있는 럼주 양을 찾는 문제인데 이것은 실버와 해적 팀에서 맡고, 마지막 문제는 우리가 해결하겠네."

"좋소. 그렇게 합시다."

실버가 동의하자 모두 동굴 밖으로 나가 문제를 풀었다.

"이랑, 얼른 답을 찾아보자."

"그래."

짐은 어디서 구해 왔는지 종이와 펜을 꺼냈다.

"120록의 럼주를 열다섯 명에게 모두 다른 양으로 나누어 주려면……."

짐은 맨 위쪽에 '120'이라고 쓰고 다른 수를 빼 나가기 시작했다. 서로 다른 수를 빼서 120이 없어지면 답이 나올 테니 말이다. 하지만 여기서 중요한 것은 뺀 수가 딱 열다섯 개여야 한다는 것이다.

"어? 8가지 경우밖에 나오지 않잖아? 너무 큰 수로 빼서 그런가?"

짐은 다시 다른 수로 빼기 시작했다.

"짐, 큰 수로 빼는 게 문제라면 자연수 중에서 가장 작은 1부터 빼 보면 어때?"

"그래, 그게 좋겠다."

그렇게 해서 짐은 120을 1부터 하나씩 빼기 시작했다.

120−1=119

119−2=117

117−3=114

"아, 아직도 114나 남았네?"

"일단 계속해 봐. 나중에 남은 수를 보고 조정하면 되니까."

42−13=29

29−14=15

15−15=0

“어? 순서대로 빼니까 그냥 딱 떨어지네?”

마지막 수를 빼고 짐이 놀란 표정을 지었다.

“개수도 모두 열다섯 개야.”

“그럼 1부터 15까지의 합이 120이란 말이구나.”

1+2+3+4+5+6+7+8+9+10+11+12+13+14+15=120

우리는 기쁜 소식을 전하려고 실버에게 갔다.

“실버, 열다섯 개의 수를 모두 찾았어요.”

“그래? 굉장히 빨리 찾았구나.”

“두 개의 계량컵을 이용해서 만들 수 있는 럼주의 양은 얼마나 찾았나요?”

“음, 우리도 몇 가지 사실을 알아냈어.”

실버가 고갯짓을 하자 칸이 설명했다.

“여기서 중요한 건 19와 8을 이용해서 새로운 숫자를 만들어 내는 것이었어. 처음엔 조금 애를 먹었지만……."

칸은 자세하게 설명하기 시작했다.

"우선 19록의 컵에 럼주를 가득 채운 다음, 8록의 컵에 럼주를 가득 따르면 19록의 컵에는 11록의 럼주가 남지. 다시 11록의 럼주를 8록의 컵에 부으면 19록의 컵에는 3록의 럼주가 남아. 이러한 과정을 반복하면 1부터 15까지의 수를 모두 찾을 수 있어."

칸의 말을 들으니 보물이 코앞에 있는 것 같은 기분이었다.

"이제 리브시 선생이 있는 곳으로 가면 곧 보물을 만나겠군."

"맞아, 실버. 리브시 선생은 벌써 문제를 풀었을 거야."

피터가 콧노래를 불렀다.

"리브시 선생님!"

짐이 건너편에 있는 리브시 선생을 불렀다.

"그래, 짐. 문제를 풀었나 보구나."

"네, 저희뿐 아니라 실버 팀도 문제를 풀었어요."

"오, 반가운 소식이구나."

그런데 리브시 선생의 표정은 그리 밝지 않았다.

"리브시 선생, 어떻게 됐소?"

리브시 선생은 지금까지 알아낸 것들을 설명했다.

"열다섯 개의 빈자리들은 1록부터 15록까지의 럼주가 들어갈 자리요. 그리고 이어져 있는 선을 양팔 저울이라고 보면 되지."

종이를 보니 1부터 15까지의 수를 배치하는 것이 쉽지 않았는지 숫자를 여러 번 썼다 지웠다 한 흔적이 보였다.

"그런데 열다섯 개의 수가 균형을 잡는 위치를 찾아야 하는데 그게 쉽지가 않군. 아직 어느 자리도 확실히 정해진 게 없다네."

"그럼 이게 알아낸 것의 전부요?"

실버가 조금 언짢은 표정을 지었다.

"그건 아닐세. 빈 홈에 들어갈 수들을 중심으로부터 떨어진 거리와 곱해야 무게의 값이 나온다는 것을 알아냈네."

리브시 선생의 말을 들으니 폴의 균형 잡기 나무판이 떠올랐다. 짐은 고개를 들이밀고 문제를 살폈다.

"일단 빈 홈에 알파벳 기호를 써 두는 게 좋겠어요."

"좋은 생각이로구나, 짐."

리브시 선생이 말을 이었다.

"가장 찾기 쉬운 것부터 하나씩 찾는 게 지름길이야."

"그럼 어느 곳이 가장 쉬운 곳이오?"

"K와 L이지. K는 L의 세 배가 되어야 해."

"리브시 선생님, E와 F도 쉽지 않나요?"

"음, F가 E의 두 배가 되어야 하는데 그런 경우는 일곱 가지나 된단다. 그러니 경우의 수가 다섯 가지인 K와 L이 더 쉽지."

리브시 선생의 말은 매우 논리적이었다.

"1에서 15 중에서 찾아보면 K와 L이 될 수 있는 수는 1과 3, 2와 6, 3과 9, 4와 12, 5와 15네요?"

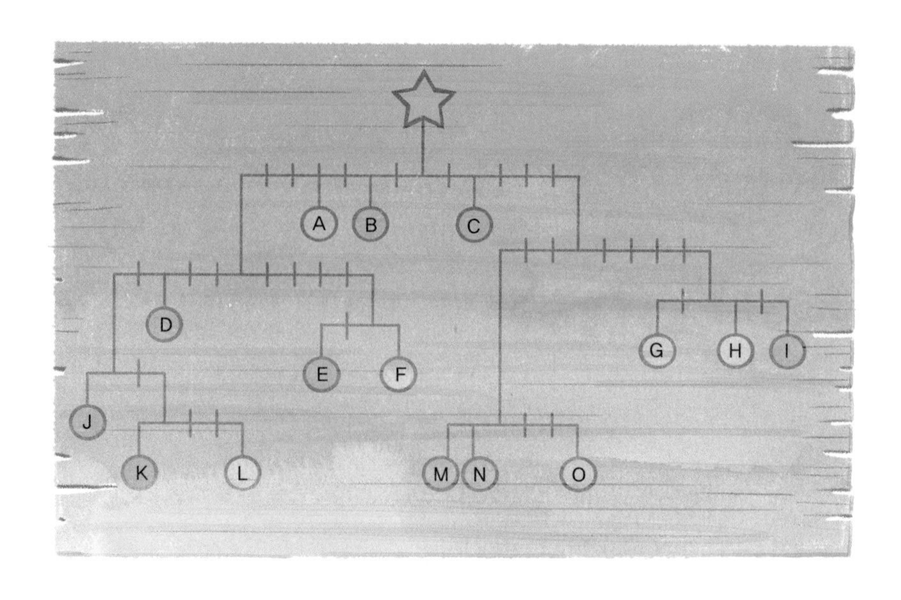

"그렇지, 짐."

"이제 어떻게 경우의 수를 줄이지?"

"그게 문제요, 후터."

리브시 선생의 팀도 여기서 막힌 모양이었다.

"K와 L이 평형을 이루는 값도 중요하지만, 왼쪽에 있는 J와도 평형을 이루어야 하니 그걸 생각하면 경우의 수가 줄어들지 않을까요?"

"이랑, 더 자세히 말해 주겠니?"

"여기에 쓰는 숫자들은 모두 15를 넘어서는 안 돼요. 그러니까 K와 L의 합은 15를 넘을 수 없다는 뜻이에요."

"오, 정말 대단하구나."

리브시 선생이 내 말을 듣고 경우의 수를 줄이기 시작했다.

"그렇다면 두 수의 합이 15가 넘지 않는 1과 3, 2와 6, 3과 9 중에 답이 있겠구나."

경우의 수가 세 가지로 줄었다.

"J는 K와 L의 합보다 두 배 커야 하니까 짝수야. 그럼 J가 될 수 있는 가장 큰 수는 14가 돼. 결국 K와 L을 합한 수는 14의 절반인 7을 넘어선 안 되지."

폴의 말대로라면 K와 L에 넣을 수 있는 수는 3과 1뿐이었다.

리브시 선생은 K와 L의 자리에 각각 3과 1을 썼다.

"그럼 J는 8이겠군요."

"맞아."

리브시 선생이 내 머리를 쓰다듬었다. 수학 문제를 이렇게 열심히 풀어 보기는 처음이다.

게다가 칭찬까지 듣다니!

"J, K, L이 8, 3, 1이면 E, F의 합은 8, 3, 1의 합보다 커야 해."

폴이 말했다.

"맞아, 양쪽의 거리가 똑같이 다섯 칸씩이지만 평형을 이루려면 D도 더해야 하니까."

"어휴, 복잡해. 난 잠깐 나무 그늘에서 낮잠이나 자야겠네."

피터는 머리가 아프다며 나갔다. 피터를 따라 얀센과 몇 명이 자리를 떴다. 남은 사람은 리브시 선생과 실버, 후터, 콜리, 캐롤경, 트렐로니 씨 그리고 짐과 나, 여덟 명이었다.

그사이 해가 수평선 아래로 지고 있었다. 우리는 저녁을 먹고 다시 막사 안에서 문제를 풀었다.

"12보다 합이 크고 두 수가 2배의 관계에 있는 경우는 5와 10, 6과 12, 7과 14, 세 가지야."

리브시 선생은 식을 따로 분리해서 적었다.

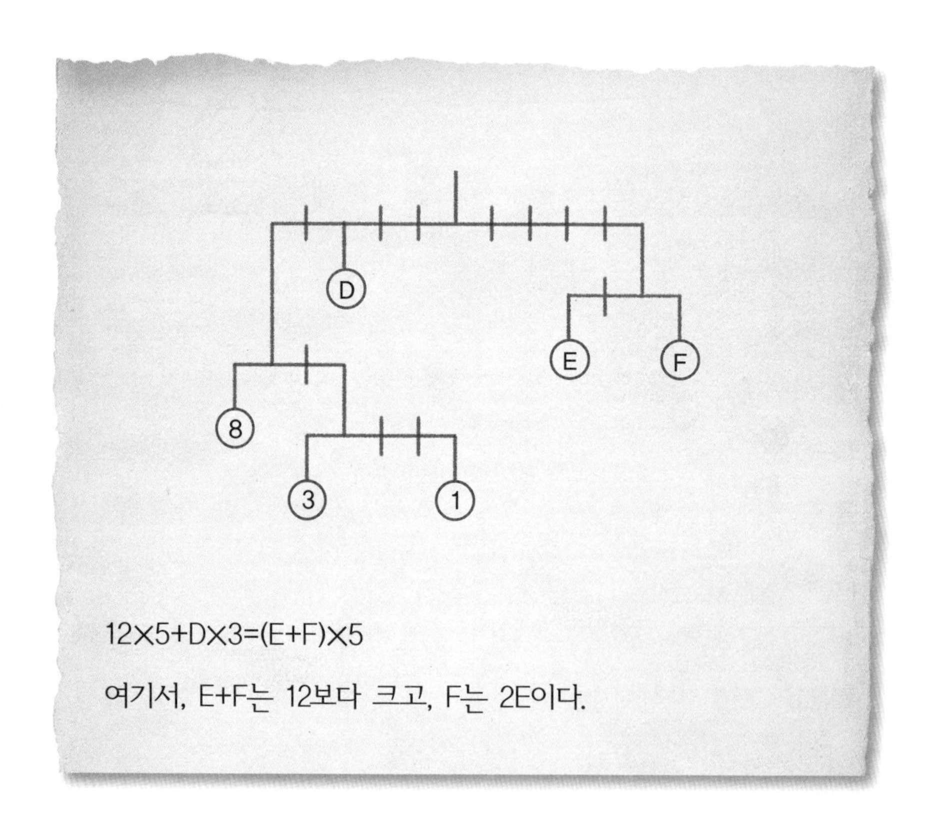

12×5+D×3=(E+2E)×5이며

15E=60+3D

5E=20+D

E=4+D/5

E는 항상 자연수니까 D는 5의 배수가 되어야 한다.

D가 5일 때, E는 5가 되는데,

각각의 수는 한 번만 사용해야 하기 때문에 5는 답이 아니다.

그렇다면 답은 다음 두 가지 경우 중의 하나이다.

D가 10일 때, E=6, F=12

D가 15일 때, E=7, F=14

하지만 어느 쪽이 답인지 아직 알 수 없었다.

"그럼 오른쪽에 있는 G, H, I와 M, N, O에 올 수 있는 수를 먼저 찾아봐요."

리브시 선생은 다시 뭔가를 적기 시작했고 다른 사람들도 저마다의 방식으로 문제를 풀었다. 그때 캐롤 경과 트렐로니 씨가 막사 밖으로 슬그머니 빠져나갔다.

오른쪽은 왼쪽에 비해 복잡했다. 확실하게 알 수 있는 수가 없었고, 미지수가 여섯 개나 돼서 실마리를 찾기 어려웠다. 시계를 보니 벌써 자정이 넘었다.

"아함, 나도 그만 자야겠어. 실버, 답이 나오거든 내일 아침에 알려 주게나."

콜리가 떠나자 이제 남은 사람은 짐과 나, 리브시 선생, 실버, 후터, 다섯 명이었다.

"먼저 양쪽의 대소를 알아봐서 경우의 수를 줄여야겠어."

리브시 선생은 적은 것을 보여 주었다.

$$(M+N+O)\times3=(G+H+I)\times5$$

$$(M+N+O) > (G+H+I)$$

식을 보면 M, N, O를 더한 수가 G, H, I를 더한 수보다 크다는 것을 알 수 있었다.

"이제 필요한 건 세 숫자의 관계인 것 같아요."

짐의 말에 리브시 선생이 이마를 쳤다.

"바로 그거야."

리브시 선생은 재빨리 식을 써 내려갔다.

$$2M+N=30$$

$$H+3=2G$$

리브시 선생이 무수히 많은 경우를 살피는 동안 후터도 자러 갔고, 짐도 내 옆에서 골아 떨어졌다.

어느덧 날이 밝아 오고 있었다. 리브시 선생의 식은 굉장히 복잡해 보였다.

- 1, 2, 3, 4, 5, 6, 7, 8, 9, 10, 11, 12, 13, 14, 15 중에서 이미 사용된 수 1, 3, 8은 제외한다.
- 10, 6, 12와 15, 7, 14가 왼쪽 D, E, F에 사용될 확률은 각각 50%이다.
- 2M+N=30이다.

여기서 30에 올 수 있는 수는 6, 12, 15, 18, 21, 27, 30, 33, 36, 39, 42, 45이다.

경우 ① 2M+N=6일 때, 만족하는 M과 N은 없다.

경우 ② 2M+N=12일 때, M=5, N=2, O=4

경우 ③ 2M+N=15일 때, M=2, N=11, O=5

경우 ④ 2M+N=18일 때, M=5, N=8, O=6

경우 ⑤ 2M+N=21일 때, M=6, N=9, O=7

M=5, N=11, O=7

M=4, N=13, O=7

경우 ⑥ 2M+N=27일 때, M=11, N=5, O=9

이때 M, N, O의 합은 25로 5의 배수가 된다.

경우 ⑦ 2M+N=30일 때, M=9, N=12, O=10

M=12, N=6, O=10

경우 ⑧ 2M+N=33일 때, M=10, N=13, O=11

M=12, N=9, O=11

경우 ⑨ 2M+N=36일 때, M=13, N=10, O=12

이때 M, N, O의 합은 35로 5의 배수가 된다.

경우 ⑩ 2M+N=39일 때, M=12, N=15, O=13

M=14, N=11, O=13

M=15, N=9, O=13

경우 ⑪ 2M+N=42일 때, 만족하는 M과 N이 없다.

경우 ⑫ 2M+N=45일 때, 만족하는 M과 N이 없다.

"열두 가지 경우 중에서 경우①, 경우⑪, 경우⑫는 확실히 아니고 나머지는 아직 알 수가 없어."

리브시 선생은 경우의 수가 너무 많다며 한숨을 쉬었다.

"제 생각엔 경우⑥과 경우⑨를 뺀 나머지는 모두 틀린 것 같아요."

"그건 또 무슨 소리냐? 지금 알 수 있는 건 2M+N=3O이라는 식을 만족하는 값을 찾는 것뿐이잖니?"

"그렇지만 M, N, O와 G, H, I는 5 대 3의 비례 관계에 있어요. 그 말은……."

"아, 그렇군."

리브시 선생는 손바닥으로 무릎을 탁 쳤다.

"M, N, O를 더한 값은 무조건 5의 배수가 되어야 하고, G, H, I를 더한 값은 무조건 3의 배수가 되어야 한다는 말이구나."

경우 ⑥ 2M+N=27일 때, M=11, N=5, O=9

M+N+O=25(5의 배수)

경우 ⑨ 2M+N=36일 때, M=13, N=10, O=12

M+N+O=35(5의 배수)

경우 ⑩에서는 2M+N=39일 때, M=12, N=15, O=13이라서 M, N, O의 합이 40이라 5의 배수가 된다. 하지만 D, E, F에 12나 15 중 최소한 한 가지 수가 사용되기 때문에 12와 15를 동시에 써야 하는 이 경우는 답이 아니다.

"G, H, I의 경우를 살펴봐야겠어."

경우 ① M+N+O=25일 때, M=11, N=5, O=9이다.

(M+N+O)3=(G+H+I)5

$25 \times 3 = (G+H+I)5$

$15 = G+H+I$

G, H, I의 합이 15일 때, 사용하지 않은 수의 조합으로 만들 수 있는 G, H, I 값은,

2, 4, 9

4, 5, 6이다.

이 두 가지 경우는 M, N, O에서 사용한 수를 하나씩 포함하고 있어서 식을 만족시킬 수 없다. 또한 G, H, I가 있는 가지에서도 평형을 이루지 못한다.

경우 ② M+N+O=35일 때, M=13, N=10, O=12이다.

$(M+N+O)3 = (G+H+I)5$

$35 \times 3 = (G+H+I)5$

$21 = G+H+I$

G, H, I의 합이 21일 때, 사용하지 않은 수의 조합으로 만들 수 있는 G, H, I 값은,

2, 6, 13

2, 9, 10

4, 5, 12

4, 6, 11

5, 6, 10이다.

이 다섯 가지 경우에서도 M, N, O에서 사용한 수를 포함한 경

우를 제외하면 4, 6, 11의 조합만이 남는다.

즉, M=13, N=10, O=12, G=11, H=4, I=6이 답이다. 그리고 이 결과를 토대로 D, E, F의 값을 찾아보면 D=15, E=7, F=14가 된다. 왜냐하면 10, 6, 12가 모두 N, I, O에 사용되었기 때문이다.

이제 마지막으로 A, B, C에 들어갈 수만 찾으면 되었다. 다른 부분에 비해 A, B, C는 찾기가 쉬웠다. 폴은 지금까지 찾은 수를 나무 뚜껑에 모두 적었다. A, B, C를 제외하고 양쪽이 평형을 이루었다.

왼쪽 : $(8+3+1+7+14+15)\times7=336$

오른쪽 : $(13+10+12+11+4+6)\times6=336$

"이제 이렇게 하면 되겠군."

리브시 선생은 A, B, C의 자리에 남은 수인 2, 5, 9를 순서대로 넣었다. $2\times4=8$이고, $5\times2=10$이니까 왼쪽의 합이 18, 마찬가지로 $2\times9=18$이므로 오른쪽의 합도 18이었다.

"드디어 답을 모두 찾았군."

실버와 리브시 선생은 다음 날 보물을 찾을 생각에 들떠서 늦게까지 잠을 이루지 못했다.

아침에 눈을 뜨니 선발대가 먼저 보물을 찾으러 떠난 뒤였다.

나는 얼른 아침을 먹고 뒤따라갔다.

"이랑, 얼른 들어가자."

내가 고원에 파 놓은 동굴 앞에 우두커니 서 있자, 피터가 내 손을 잡아 끌었다.

보물 상자 앞에서 칸이 럼주를 붓고 있었다. 보물 상자의 뚜껑에는 럼주의 양을 나타내는 숫자가 채워지고 있었다.

"이제 마지막으로 14록과 15록을 채우면 돼."

남은 럼주는 29록뿐이었다. 19록과 8록의 계량컵을 이용해서 둘 중의 하나를 채우면 나머지는 자연스럽게 해결되었다.

"그거야 식은 죽 먹기지."

칸이 빠른 손놀림으로 먼저 19록 계량컵에 럼주를 가득 채웠다. 그리고 8록 계량컵에 가득 따르자 19록 계량컵에는 11록의 럼주가 남았다. 다시 8록 계량컵에 있던 럼주를 병에 따르고, 19록 계량컵에 남아 있던 11록의 럼주를 8록 계량컵에 모두 따르니 3록의 럼주가 남았다. 8록 계량컵을 다시 병에 따르고 19록 계량컵에 있는 3록의 럼주를 다시 8록 계량컵에 따른다.

칸은 다시 19록 계량컵에 럼주를 가득 채운 후, 3록이 남아 있는 8록 계량컵에 가득 부었다. 5록의 럼주가 없어지니 19록 계량컵에는 14록의 럼주가 남는다.

〈19록 계량컵과 8록 계량컵으로 14록 럼주 만들기〉

❶ 19록 계량컵에 가득 따른다.

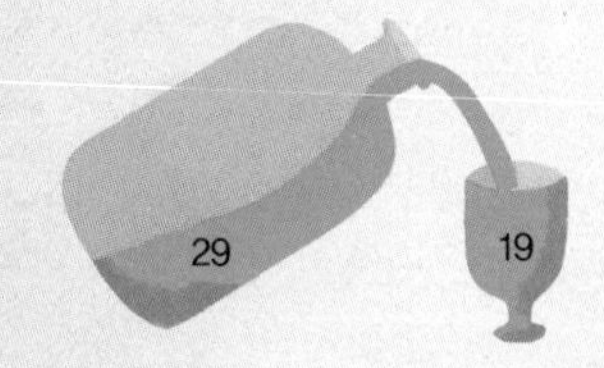

❷ 19록 계량컵의 럼주를 8록 계량컵에 가득 따르면 19록 계량컵에 11록의 럼주가 남는다.

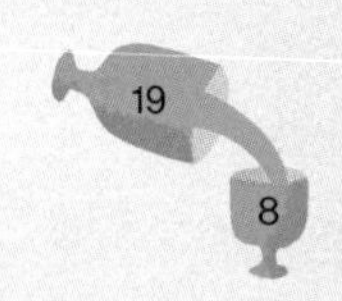

❸ 8록 계량컵의 럼주를 모두 병에 따르고 19록 계량컵의 럼주를 다시 8록 계량컵에 따르면 19록 계량컵에는 3록의 럼주가 남는다.

❹ 8록 계량컵의 럼주를 병에 따르고 19록 계량컵에 남은 3록의 럼주를 다시 8록 계량컵에 따른다.

❺ 19록 계량컵 럼주를 다시 가득 채운다.

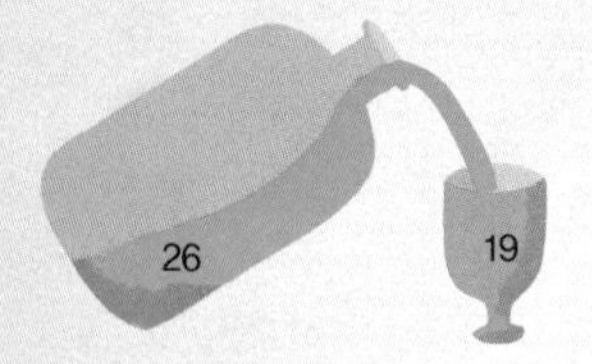

❻ 19록 계량컵의 럼주로 3록이 남아 있던 8록 계량컵을 채우면 19록 계량컵에는 14록의 럼주가 남는다.

칸은 조심스럽게 14록의 럼주와 나머지 럼주를 각각 보물 상자 위로 옮겼다.

"역시 칸이야. 한 치의 오차도 없이 14록과 15록의 럼주를 나누다니!"

잠시 뒤에 상자가 흔들리더니 럼주가 상자 안으로 스며들었다.

딸깍.

"잠금 장치가 풀렸나 보군."

실버가 조심스럽게 상자 뚜껑을 열었다.

"역시……."

상자 속의 보석들이 강렬한 빛을 내고 있었다.

"야, 드디어 보물을 손에 넣었다!"

"이 정도면 죽을 때까지 펑펑 써도 다 못 쓸 거야."

상자 안에는 루비, 사파이어, 다이아몬드, 황금 등 값비싼 보석들이 가득 들어 있었다.

"자, 이걸 들고 나가자."

실버의 명령이 떨어지자 모두 달라붙어서 상자를 들어 올렸다. 나와 짐 그리고 폴은 연장을 챙겨서 뒤를 따랐다.

보물 상자를 동굴 입구까지 나르는 일은 쉽지 않았다. 스무 번이 넘게 멈추었다가 마침내 동굴 입구에 다다랐다.

"영차, 영차!"

"조금만 더 힘을 내. 이제 곧 동굴 밖이야."

밝은 햇빛이 보물 상자를 들고 나오는 일행을 맞이했다.
쉬익, 파파팍.
“이, 이게 뭐야?”
“악!”
갑자기 땅바닥에 있던 나무 덩굴로 만든 그물이 사람들을 감싸안더니 하늘로 솟구쳐 올라 순식간에 모두 높은 나무 위에 거꾸로 매달렸다.
“누, 누가 이런 일을…….”
실버가 당황한 얼굴로 중얼거렸다.
그때 풀숲에서 한 남자가 모습을 드러냈다.
“저, 저건…….”
사람들은 거꾸로 매달린 채 누군가를 보더니 겁에 질렸다.
“크하하, 정말 오랜만이군. 그동안 모두 별일 없었나?”
말이 스무 글자로 끝난다. 그럼 저 사람이 바로…….
“죽지 않고 살아 있다는 소문이 사실이었군, 플린트.”
“외다리 존 실버, 자넨 나를 따라오려면 멀었어. 그리고 보물은 원래 내 것이었으니 다시 가져가겠네.”
눈앞에서 보물을 잃게 된 리브시 선생 일행은 허탈한 표정을 지었다. 하지만 해적들은 마치 사형장에 끌려가는 사형수처럼 공포에 떨고 있었다.
휘이익.

플린트의 손에서 무언가가 날아왔다. 부메랑이었다.

"아악!"

옆에서 소름끼치는 비명소리가 들렸다.

"얀센, 내가 어떤 사람인지 잊었나? 그런 짓을 하다니!"

얀센의 손목에서 붉은 핏방울이 뚝뚝 떨어졌다. 다리에 묶인 밧줄을 몰래 풀려고 한 모양이었다.

플린트는 천천히 보물 상자 쪽으로 가더니 뚜껑 안쪽에 있는 가죽을 벗겨 냈다.

"헉, 저, 저건, 다이너마이트!"

커다란 뚜껑 안에는 열 개도 넘는 다이너마이트가 다닥다닥 붙어 있었다.

플린트는 다이너마이트 하나를 조심스레 떼어 냈다. 모두 심지가 연결되어 있었다.

"플린트, 네놈을 진작 죽였어야 했는데, 그러지 못한 게 한이구나."

실버의 입에서 거친 말이 튀어나왔다.

"너 같은 애송이에게 당한다면 플린트가 아니지."

플린트는 미소를 지으며 보물 상자의 뚜껑을 닫았다. 그리고 상자 네 귀퉁이에 숨겨져 있던 바퀴를 빼냈다.

"참, 깜박할 뻔했군. 큐릭, 자넨 내려와서 날 도와야지."

'큐릭? 서, 설마, 나?'

플린트가 다시 부메랑을 던졌다. 그러자 나를 감고 있던 덩굴이 잘려 바닥에 떨어졌다. 밧줄을 풀고 겨우 일어섰지만 이 상황이 도무지 이해가 되지 않았다.

"그것 봐, 실버. 저 녀석이 플린트의 첩자였잖아. 이게 다 당신 때문이라고."

폴이 원망 섞인 목소리로 소리쳤다.

"이랑, 네가 플린트의 첩자였다니!"

실버의 목소리가 바들바들 떨렸다.

'전 큐릭이 아니에요. 플린트의 첩자는 더더욱 아니고요.'

나는 소리치고 싶었지만 말이 나오지 않았다.

플린트는 자기 목에 걸린 펜던트와 내 목에 걸린 펜던트를 손바닥에 나란히 올려놓았다.

'이럴 수가!'

반으로 쪼갠 듯이 두 개의 펜던트가 딱 맞아떨어졌다.

짐이 내게 눈을 찡긋 하며 고갯짓을 했다. 일단 플린트를 따라가서 도망칠 기회를 엿보라고 말하는 듯했다. 나도 짐에게 눈으로 신호를 보냈다.

"큐릭, 어서 나와 함께 보물을 가져가자."

플린트는 나를 앞장세웠다.

지금은 플린트의 말을 따르는 수밖에 없었다.

"참, 깜박할 뻔했군. 지긋지긋한 실버 무리들, 안녕!"

플린트는 시가에 불을 붙이고는 길게 한 모금을 빨았다.

"후유."

플린트는 담배 연기를 길게 내뿜고는 시가로 다이너마이트의 심지에 불을 붙였다.

나는 플린트와 함께 섬 아래로 내려갔다. 처음 섬으로 올라온 곳에 다다를 즈음 엄청난 폭음이 들렸다. 하늘 위로 커다란 연기 기둥이 솟았다.

"이제 모든 게 말끔히 해결됐군."

결국 살아남은 사람은 플린트와 나뿐이었다.

플린트가 안내한 곳에 도착하니 작지만 말끔한 배가 눈에 들어왔다. 돛이 세 개나 돼서 바람을 잘 탈 것 같았다.

"자, 바하마로 간다. 훌륭한 선택이지."

'바하마.'

후터가 자주 말했던 곳이다. 자신들의 요새가 지진 때문에 무너진 뒤, 도피처를 찾던 해적들에게 가장 안전한 곳이라면서 자기도 보물을 찾으면 바하마로 갈 거라고 했다.

플린트는 뱃머리를 서쪽으로 틀었다. 배가 먼 바다로 서서히 밀려갔다. 나는 플린트와 선실에 내려가서 함께 짐을 정리했다. 보물 상자는 그대로 선반 구석에 밀어 두었다.

"내가 저녁을 준비할 테니까 넌 돛을 모두 내려라."

"네."

차갑고 무자비한 플린트가 직접 요리를 하다니 의외였다!

나는 갑판 위로 올라가서 줄을 잡아당겼다. 해적선에서 했던 일이라 어렵지 않았다. 세 번째 돛을 내리는데 생선 굽는 냄새가 났다. 평소에는 비리다며 먹지 않았는데도 배가 고파서인지 어느새 입 안에 침이 고였다.

"큐릭, 어서 와라. 널 위해 내가 솜씨 좀 발휘했지."

식당에서 플린트가 나를 불렀다. 그런데 그 목소리가 왠지 익숙했다. 플린트를 실제로 본 건 오늘이 처음인데, 정말 이상한 일이었다.

나는 세 번째 돛을 내리고 식당으로 갔다. 내 허벅지만큼 굵은 생선이 먹음직스럽게 구워져 있었다.

"방어야. 아까 낚시대를 걸어 두었는데 잡혔구나."

"굉장히 커요."

플린트는 대답 대신 누런 이를 드러내며 씨익 웃었다.

방어구이는 비린내도 나지 않고 불에 구운 맛이 고소했다. 게다가 섬에서 가져온 다양한 야채 샐러드와 스프도 있었다.

나는 쉴 새 없이 음식을 먹었다.

"천천히 먹어라, 큐릭. 아직 생선이 많이 남아 있잖니?"

"네, 플린트."

“참, 내가 전에 줬던 파피루스는 아직도 가지고 있니?”

“파피루스요?”

“그래, 네가 풀어 본다며 가져갔던 파피루스.”

‘플린트를 만난 적이 없는데 무슨 말이지? 그런데 파피루스라면…….’

“혹시 이거 말인가요?”

나는 며칠 전 나무둥치에서 발견한 돌돌 말린 종이를 꺼냈다.

“맞아. 답을 찾았니?”

플린트가 파피루스를 펼치며 물었다.

난 기억을 더듬어 보았다.

‘찰리, 앤비는 확실히 아닌데…….’

“로네, 존, 모리앤 중에 답이 있죠?”

“맞아. 나무판밖에 볼 수 없는 찰리와 앤비는 아니지.”

플린트는 하는 말마다 스무 글자다.

“로네는 앤비가 빨간 모자를 쓴 것밖에 볼 수 없어서 아닐 것 같고, 존도 앤비와 로네의 모자가 빨강과 파랑이라는 것밖에 모르니까 아니고…….”

“모리앤도 찰리 모자를 못 보니 답이 없다고 하려고?”

“그렇지 않나요?”

플린트는 내 생각을 꿰뚫어 보고 있는 것 같았다.

플린트와 저녁을 함께 먹고 퀴즈에 관해 얘기도 나누다 보니

정이 든 건지 그가 친근한 동네 아저씨처럼 느껴졌다. 사실 따지고 보면 플린트는 자기가 숨겨 둔 보물을 찾으러 온 진짜 주인이고 실버와 짐 일행은 그걸 훔치러 온 도둑이 아닌가? 플린트도 도둑질을 해서 모은 보물이니 잘한 건 없지만, 딱히 플린트가 실버 일행보다 더 나쁘다고 할 수도 없었다. 그래도 긴장해야 한다. 플린트는 가장 유명하고 악랄한 해적이니까. 언제 어떻게 나를 해칠지 알 수 없는 노릇이었다.

"답은 있어. 힌트를 준다면…… 보이는 게 전부가 아니야."

그때 갑자기 밖에서 둔탁한 소리가 났다.

탁!

플린트는 창밖으로 동정을 살폈다. 갑자기 창에 커다란 불길이 일었다.

"실버, 제법이군. 하지만 네가 원하는 건 가질 수 없지."

플린트는 겉으로 태연한 척했지만 당황한 모습이었다. 불이 붙은 화살이 계속 배로 날아들었다. 더 이상 선실에 있기 어려웠다.

"큐릭, 어서 날 좀 도와! 이러다가 보물과 배, 모두 잃겠어."

나는 플린트와 함께 보물 상자를 들고 아래로 내려갔다. 그곳에는 구명보트 한 척이 있었다. 보물 상자와 한 사람이 겨우 탈 수 있을 정도의 크기였다.

배에 보물 상자를 싣자 플린트는 묵직한 주머니를 내게 던졌다.

"큐릭, 그거면 바하마에서 평생 먹고 살 수 있을 거야."

플린트는 혼자서 떠날 생각이었다. 플린트가 나무 고리를 벗기자 배의 옆판이 열리면서 바다가 보였다. 플린트가 구명보트를 힘

껏 밀자 구명보트가 미끄러지면서 바다 위로 떨어지더니 앞으로 나아갔다.

굵은 빗방울이 열린 배의 옆판으로 들이쳤다. 다행스럽게도 소나기 때문에 배에 붙은 불이 힘을 잃고 사그라들었다. 나는 플린트가 수평선 저쪽으로 사라지는 모습을 바라보았다. 그 순간 갑자기 큰 풍랑이 일면서 플린트의 배가 뒤집혀 흔적도 없이 사라졌다. 온 바다를 주름잡았던 최고의 해적 플린트가 이렇게 허무하게 물고기 밥이 되다니…….

어느새 비바람으로 불길은 모두 꺼지고 불씨와 연기만 남았다. 난 얼른 선실에 있는 백기를 들고 갑판으로 올라갔다. 상대편 배에서 공격을 멈추었다. 그리고 작은 배 한 척이 천천히 내가 있는 곳으로 접근했다. 배가 가까워지자 짐과 실버, 리브시 선생 등 낯익은 얼굴들이 보였다.

"이랑!"

짐이 나를 향해 손을 흔들며 소리쳤다.

"짐!"

"괜찮니?"

"응. 난 무사해!"

실버가 밧줄을 갑판 위로 던졌다. 밧줄 고리가 단단히 걸렸는지 확인한 다음, 밧줄을 잡고 배 위로 올라왔다. 외다리라고 믿기 어려울 정도로 빨랐다. 갑판 위로 가볍게 뛰어 오른 실버는 주위를 살폈다.

“플린트는 보물을 가지고 서쪽으로 갔어요.”

실버는 몹시 실망한 표정을 지었다.

“그런데 배가 파도에 뒤집히는 모습을 봤어요. 아마…….”

“또 그 방법을 썼군.”

난 그제야 실버의 말을 이해할 수 있었다. 바로 짐과 리브시 선생이 해적선을 탈출할 때 썼던 방법이었다.

짐은 피터를 뒤따라 배 위로 올라왔다.

“짐! 다이너마이트가 터질 때, 우린 죽었다고 생각했어. 그런데…….”

“플린트 덕분에 살았어.”

“플린트 덕분이라고?”

짐의 말이 이해가 되지 않았다.

“얀센이 손목에서 흐르는 핏방울을 떨어뜨려 심지의 불을 껐거든.”

“아, 그랬구나. 그럼 다이너마이트를 터뜨린 건 일부러…….”

“맞아. 플린트를 속이려고 계략을 짠 거지.”

그때 플린트가 주고 간 주머니가 떠올랐다.

“잠깐만요!”

난 황급히 선실로 뛰어 들어갔다. 짐도 내 뒤를 따랐다. 다행히 플린트가 준 주머니가 그대로 있었다.

"이랑, 이건 뭐야?"

난 대답 대신 주머니 안의 물건을 꺼내 보여 주었다.

"와, 눈부셔!"

커다란 다이아몬드가 빛나고 있었다. 다이아몬드는 약 스무 개 정도 있었다. 우리는 다이아몬드를 실버와 피터에게 보여 주었다.

"플린트가 큐릭을 정말 아꼈나 보군."

"이거 하나만 있어도 평생 먹고살 수 있겠는걸?"

피터가 주머니를 높이 쳐들고 소리쳤다.

실버의 신호가 떨어지자 작은 배에 타고 있던 나머지 해적들도 모두 배로 올라왔다. 플린트의 배는 여기저기 불타기는 했지만 긴 항해를 하기에는 무리가 없었다.

모두 배를 수리하기 시작했다. 다이아몬드는 사람들에게 한 개씩 나누어 주고도 두 개가 남았다.

"자, 이건 이랑 네가 가져라."

실버가 남은 두 개를 내게 내밀었다.

"그래, 이랑이 아니었으면 아무것도 못 건졌을 테니까."

난 다이아몬드 세 개를 오른쪽 주머니에 깊숙이 넣었다. 그나

저나 플린트는 어떻게 된 걸까? 눈에 안 띄게 바하마로 가고 있을까?

"자, 우리도 바하마로 출발한다."

리브시 선생 일행도 일단 바하마에 가서 며칠 쉰 다음 다시 영국으로 돌아가겠다고 했다.

짐과 나는 침대 칸으로 갔다. 그곳에는 폴이 쉬고 있었다.

"어서 와, 짐, 이랑."

폴은 우리 둘을 반갑게 맞이했다. 폴은 흡혈박쥐에 물린 뒤로 성격이 온순하게 바뀐 것 같았다.

"폴, 이거 좀 풀어 볼래요?"

난 플린트가 준 파피루스 문제를 꺼내 보였다.

"오, 이거 재밌겠군."

우리는 늦은 밤까지 문제를 푸느라 시간이 가는 줄 몰랐다.

"아함, 졸려."

짐이 먼저 이불 속으로 들어갔다.

"이 문제, 아무래도 답이 없는 것 같지 않아요?"

"내가 보기에 다섯 명이 가진 정보만으로는 풀 수 없을 것 같아. 서로 다른 사람이 가진 정보를 알 수 있으면 좋을 텐데……."

폴의 말은 엉뚱한 듯했지만 한편으로는 일리가 있었다.

다른 사람의 정보를 얻을 수 있는 방법이라면……. 혹시 그 사람의 행동으로?

"이랑아, 정신 차려!"

"조, 종모야……."

종모의 얼굴이 희미하게 보였다.

"아, 맞다. 이건 가상 현실이었지."

나는 몸을 일으켰다. 마치 짐과 보물섬 사람들이 진짜이고 지금 내 곁에 서 있는 종모가 가짜처럼 느껴졌다.

"이랑아, 너 대단해."

"뭐, 뭐가?"

"가상 현실 속의 너와 진짜 너의 일치도가 99.7%로 나왔어. 이 정도면 현실과 차이가 없는 거나 마찬가지야."

"그렇구나. 그런데 벌써 시간이 이렇게 됐어? 너무 늦어서 엄마한테 야단맞겠다. 나 먼저 갈게."

"참, 이랑아."

"왜?"

"이거 네가 가상 현실을 나올 때 너의 기억을 프린트한 거야."

종모가 내게 종이 한 장을 내밀었다.

"이, 이건……."

종모가 내민 종이에는 잠들기 전까지 짐, 폴과 함께 고민하던 문제가 적혀 있었다.

나는 종이를 들고 서둘러 밖으로 나왔다.

집에 도착하니 엄마가 저녁 식사를 준비하고 있었다.

"학교 다녀왔습니다."

"김이랑! 뭐 하다 이제 오니?"

"새로 전학 온 모범생 친구네 집에서 공부하다 왔어요."

"이제 핑계 댈 게 없으니 친구도 전학 시키니?"

"엄마는 아들을 그렇게 못 믿어요?"

"네가 평소에 믿을 만한 행동을 했어야지."

이럴 때에는 빨리 방으로 사라져야 한다. 방으로 들어오니 방 안에 놓인 것들이 낯설게 느껴졌다.

나는 종모가 준 종이를 꺼내 보았다.

폴의 말을 생각해 보면 답이 나올 것 같았다.

〈키드의 모자〉

선장은 부하들에게 자기를 배신한 찰리, 앤비, 로네, 존, 모리앤을 끌고 오라고 했다. 그리고 그들에게 다섯 개의 모자를 보여 주었다.

모자의 색은 빨강 2개, 노랑 2개, 파랑 1개였다.

배신자들의 눈을 모두 가린 후 모자를 하나씩 씌웠는데, 모두 자기가 쓴 모자의 색을 알 수 없었다.

찰리는 나무판 앞에 서게 하고 나머지 네 사람은 나무판을 바라보며 일렬로 서게 했다. 그들은 서로 얘기를 나눌 수도 없고 뒤를 돌아볼 수도 없었다.

"한 명이라도 자기가 쓴 모자의 색을 맞히면 다섯 명을 모두 살려 주겠다. 기회는 단 한 번뿐이다."

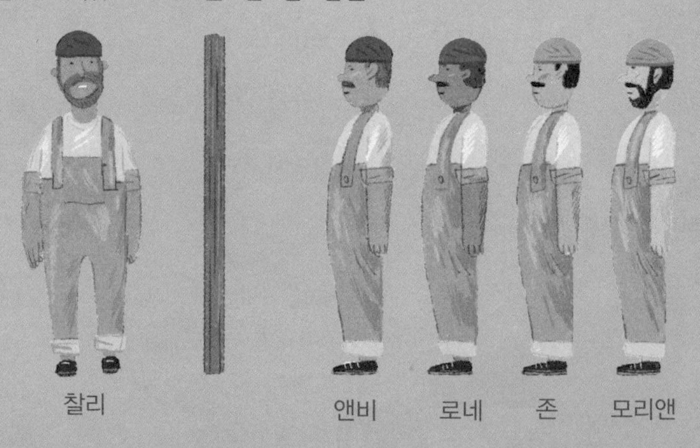

자기가 쓴 모자 색을 맞힐수 있는 사람은 누굴까?

다른 사람의 모자를 볼 수 있는 로네, 존, 모리앤 중에 답이 있는 건 확실하다. 로네는 앤비의 모자가 빨강이라는 것만 안다. 존은 앤비와 로네의 모자가 각각 빨강과 파랑이라는 사실밖에 모른다. 마지막으로 모리앤은 세 명이 모두 다른 색의 모자를 썼기 때문에 자기가 쓴 모자가 노랑 아니면 빨강이라고 생각할 것이다.

결국 다시 제자리다. 답은 없다.

똑, 똑, 똑.

우정이였다. 우정이는 항상 문을 세 번 두드린다.

"오빠, 들어가도 돼?"

"응. 들어와!"

우정이는 방에 들어서자마자 종이를 눈여겨보았다.

"이건 뭐야, 오빠?"

"어, 그건……."

순간, 무슨 말을 해야 할지 몰랐다.

"오빠 숙제야."

"나도 풀어 보고 싶어."

"자, 풀어 봐."

우정이는 문제를 또박또박 읽어 내려갔다.

"답을 알겠니?"

"존이네."

"왜?"

"학원 선생님이 그러는데 답을 모를 땐 가장 많이 들어 본 게 답이래."

역시 우정이다운 답변이다.

"모리앤은 앞의 세 명이 쓴 모자 색을 알고 존은 앞의 두 명이 쓴 모자 색깔밖에 모르니까 모리앤이 답을 맞힐 확률이 가장 커. 물론 모리앤도 자기 모자 색깔을 정확하게 모르니까 아무 말도 못

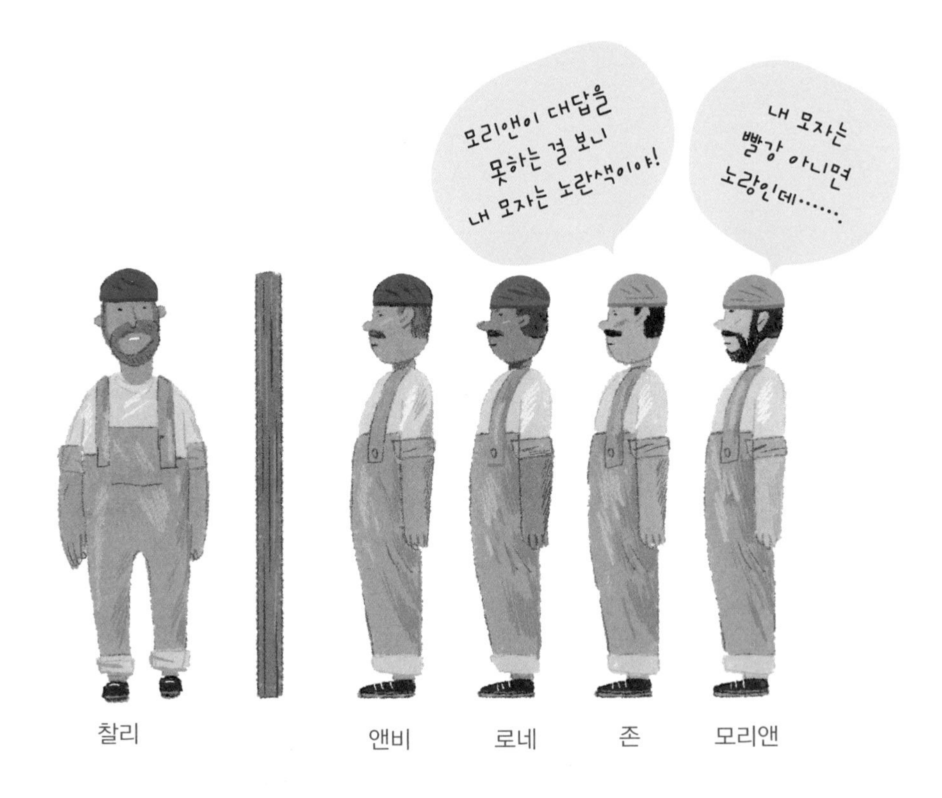

하겠지만 말이야……."

"음, 근데 오빠! 존이 아는 게 하나 더 있어."

"그게 뭐야?"

"모리앤이 아무 말도 못하는 거. 모리앤도 답을 말하지 못하고 머뭇거리면 존은 자기가 어떤 색 모자를 썼는지 알아채겠네."

"뭐?"

"우정아, 과일 먹어라."

그때 밖에서 엄마가 우정이를 불렀다.

"네, 엄마."

나는 우정이가 한 말을 다시 생각해 보았다.

존은 시간이 지나도 모리앤이 답을 말하지 못하는 것을 보고 자기가 쓰고 있는 모자의 색이 빨간색이 아니라는 것을 확신한다. 만일 자기가 빨간색 모자를 쓰고 있었다면 모리앤은 자기가 쓴 모자 색이 노란색이라는 것을 알 수 있기 때문이다. 그럼 남아 있는 존의 모자는 빨간색이 아니라 노란색이 된다.

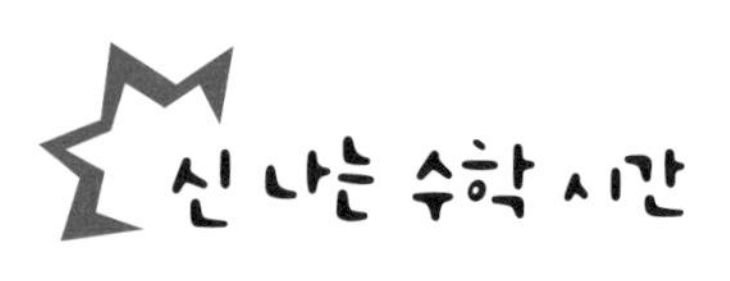

"학교 다녀오겠습니다!"

다음 날 아침, 난 부리나케 학교로 달려갔다. 보물섬을 다녀와서인지 늦잠을 자서 아침밥을 먹을 시간도 없었다.

등교 시간 1분 전에 정문을 잽싸게 통과하고, 교실까지 55초만에 달렸다.

"김이랑 너, 오늘 왜 그렇게 호들갑이냐?"

모시록이 말했다. 항상 까칠한 녀석이다. 평소 같으면 주먹을 날렸을 텐데 오늘은 꾹 참았다. 더 이상 모시록 같은 애송이와 상대할 김이랑이 아니기 때문이다. 난 모시록에게 윙크를 했다.

"우웩, 김이랑. 너 하루 사이에 정신이 이상해진 거 아냐?"

그때 선생님이 들어왔다.

"자, 오늘은 아침부터 재미있는 문제를 가지고 왔다."

선생님의 말에 평소와는 다르게 가슴이 뛰었다. 선생님이 커다란 종이를 펼쳤다.

이럴 수가! 이건 보물 상자 뚜껑 뒷면에 적혀 있었던 럼주를 나누는 문제였다. 나는 내 눈을 믿을 수 없었다.

종이를 칠판에 붙이는 선생님의 목에 목걸이가 걸려 있었다. 앞으로 돌아선 선생님의 와이셔츠 사이로 펜던트의 모습이 힐끗 보였다. 그것은 플린트가 걸고 있던 목걸이와 똑같았다.

'말도 안 돼! 내가 다녀온 곳은 가상 현실인데 선생님이 그곳에 갔을 리가 없잖아.'

나는 정신을 차리고 심호흡을 했다. 이번 문제는 내가 가장 빨리 해결할 수 있었다.

"선생님!"

"왜 그러냐, 김이랑? 설마 이 문제를 벌써 푼 건 아닐 테고."

아이들이 웅성거렸다.

난 선생님이 부르지도 않았는데 칠판 앞으로 걸어 나갔다. 그리고 기억을 더듬으면서 빈 홈에 숫자를 써 내려갔다.

이제 곧 내게도 박수갈채가 쏟아지겠지? 난 숫자를 쓰면서 선생님에게 내 목에 걸린 펜던트를 살짝 보여 주었다. 하지만 선생님은 거들떠보지도 않았다.

어? 그런데 뭔가 이상하다. 칸이 세 개나 부족했다. 빈 홈의 위치도 모두 달랐다.

갑자기 내 머리에 핵폭탄이 떨어졌다.

"김이랑, 문제는 찍는 게 아니야. 생각해서 푸는 거지."

"푸하하하."

아이들이 큰 소리로 웃음을 터트렸다. 난 고개를 슬며시 올려 문제를 살펴보았다.

이런, 이건 열다섯 개의 숫자를 넣는 문제가 아니었다.

"얼른 들어가서 다시 풀어. 대충 찍는다고 풀 수 있는 문제가 아니야."

"네."

나는 기어 들어가는 목소리로 말했다.

"선생님!"

그때 유종모가 손을 들고 말했다.

"어, 그래. 수학박사 유종모, 네가 나와서 풀어 볼래?"

방금 핵폭탄을 터뜨린 선생님은 사라지고 자상한 선생님이 부드러운 목소리로 환하게 웃으며 말했다.

"네, 선생님. 당장이라도 풀고 싶게 만드는 문제네요."

종모 녀석, 센스 있게 스무 글자로 대답한다.

종모가 답을 다 쓰기 전에 먼저 문제를 풀 테다! 이 정도 문제에 포기할 김이랑이 아니니까.

아자, 아자, 김이랑, 파이팅!

수학 소년, 보물을 찾아라!

1판 1쇄 발행 | 2014. 5. 14.
1판 6쇄 발행 | 2023. 6. 1.

김용세 글 | 김상인 그림

발행처 김영사 | 발행인 고세규
등록번호 제 406-2003-036호
등록일자 1979. 5. 17.
주소 경기도 파주시 문발로 197(우 10881)
전화 마케팅부 031-955-3100 편집부 031-955-3113~20
팩스 031-955-3111

값은 표지에 있습니다.
ISBN 978-89-349-6792-7 63410

좋은 독자가 좋은 책을 만듭니다. 김영사는 독자 여러분의 의견에 항상 귀 기울이고 있습니다.
전자우편 book@gimmyoung.com | 홈페이지 www.gimmyoungjr.com

어린이제품 안전특별법에 의한 표시사항

제품명 도서 **제조년월일** 2023년 6월 1일 **제조사명** 김영사 **주소** 10881 경기도 파주시 문발로 197
전화번호 031-955-3100 **제조국명** 대한민국 ⚠**주의** 책 모서리에 찍히거나 책장에 베이지 않게 조심하세요.